科学实验百科全书

谢 普◎编著

台海出版社

图书在版编目（CIP）数据

科学实验百科全书 / 谢普编著. -- 北京：台海出版社, 2023.12

ISBN 978-7-5168-3752-8

Ⅰ.①科⋯ Ⅱ.①谢⋯ Ⅲ.①科学实验—儿童读物 Ⅳ.①N33-49

中国国家版本馆CIP数据核字(2023)第232443号

科学实验百科全书

编　著：谢　普

出 版 人：蔡　旭　　　　　　　　　封面设计：韩月朝
责任编辑：姚红梅　　　　　　　　　策划编辑：单天佶

出版发行：台海出版社
地　　址：北京市东城区景山东街 20 号　　　　邮政编码：100009
电　　话：010-64041652（发行，邮购）
传　　真：010-84045799（总编室）
网　　址：www.taimeng.org.cn/thcbs/default.htm
E-mail：thcbs@126.com

经　　销：全国各地新华书店
印　　刷：天津海德伟业印务有限公司
本书如有破损、缺页、装订错误，请与本社联系调换

开　　本：889毫米×1194毫米　　　　　　1/16
字　　数：323千字　　　　　　　　　　　印　　张：16
版　　次：2023年12月第1版　　　　　　印　　次：2024年3月第1次印刷
书　　号：ISBN 978-7-5168-3752-8

定　　价：198.00元

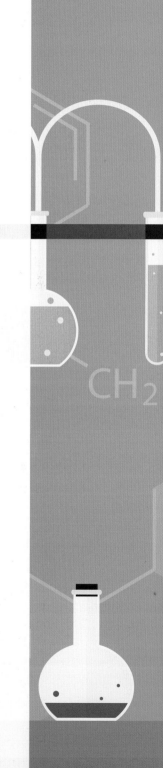

没有科学的世界是混沌、愚昧的，人们只是混沌地生活着，年复一年、日复一日地重复着手工的劳作，并将喜怒无常的自然界看作"神"的意愿。而真正的科学是包罗万象的，能够解释自然界的各种现象，处理自然界的各种问题。

近代科学从15世纪开始，现代科学从19世纪末开始，科学家看到了身边发生的种种现象与事物，就提出了各种"猜想"，然后通过种种实验、推理来验证。历经数百年的时间，让世界发生了翻天覆地的变化。

崇尚科学不是迷信所谓的"权威"。在科学的领域里，没有不容置疑的人和理论。科学探索就是不断提出"假设""猜想"，然后进一步实验验证，不断地探索出新发现的过程。

《科学实验百科全书》是一本专门为少年儿童打造的科学实验入门书籍，本书从生活中常见的现象、身边发生的趣事入手，深入浅出地介绍科学知识与常识，带领孩子们走进神奇而有趣的科学世界。

全书共分为九个章节，包括"光合作用与能量转化""滑轮与杠杆""基因密码""热与内能""神奇的物质""氧化与还原""细胞世界""牛顿定律""神秘的元素"，涵盖了物理、化学、生物等知识，内容通俗易懂、文字简洁清晰、细节刻画深入、可读性极强，是儿童科普读物的最佳选择。

同时，本书还以教科书上的知识为出发点，辅以幽默漫画与趣味实验，家长可以带领孩子一起动手，在家中就可以完成书中的小实验。谁说实验只能在实验室中做？谁说实验器材很难获取？跟随《科学实验百科全书》的脚步，在寓教于乐的同时，就能轻松掌握科学知识，培养孩子的探索能力与动手能力。

科学实验室的大门已经敞开，对生活充满好奇的你，快跟随我们的脚步，一起去探访科学世界吧！

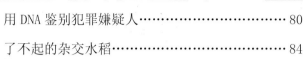

目录

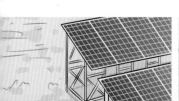

细胞世界

牛顿定律

神秘的元素

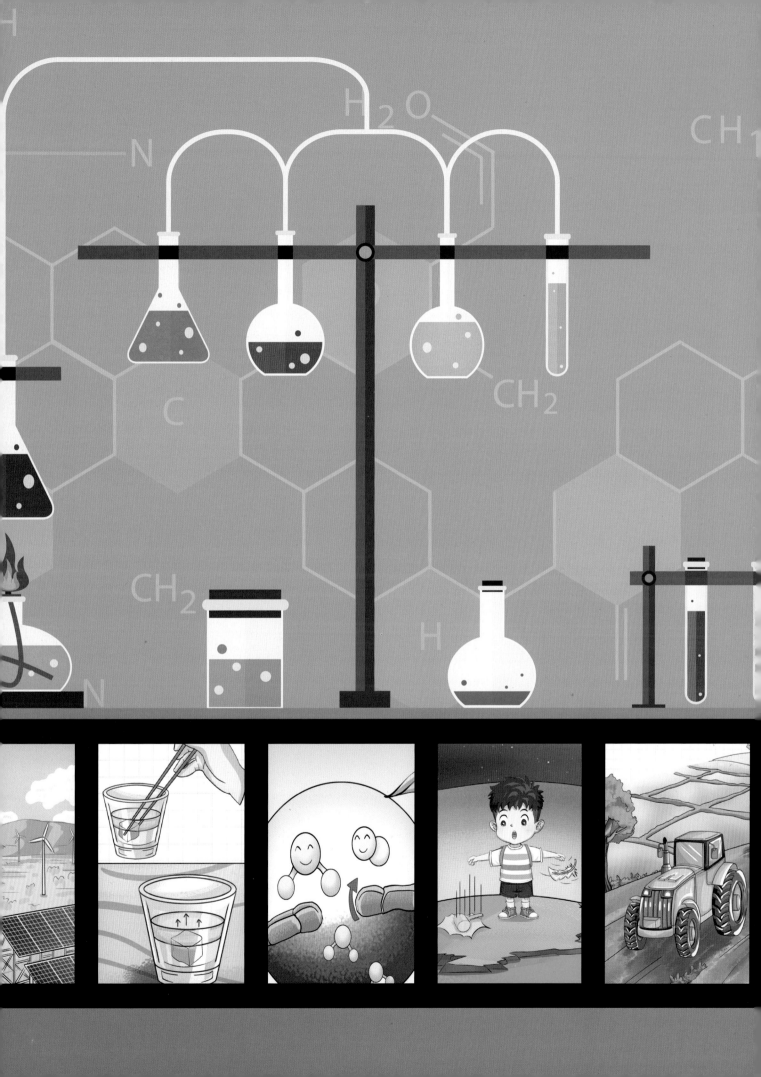

光合作用与能量转化

光合作用是指绿色植物吸收光能，把二氧化碳和水合成富能有机物，同时释放氧气的过程，对实现自然界的能量转换、维持大气的碳氧平衡具有重要意义。能量转化则是指各种能量之间在一定条件下互相转化的过程。我们身边其实很容易就能见到这两者的例子。

植物光合作用的主要场所——叶绿体

每到春天，气温回升，万物复苏，到处都是绿油油的。

因为植物的叶片中含有叶绿体，而叶绿体中含有叶绿素。

爸爸，为什么植物的叶子是绿色的？

实验一名称：绿叶中色素的提取

实验材料：

二氧化硅、无水乙醇、碳酸钙、剪刀、绿叶5克、试管、试管架、棉塞、药勺、玻璃漏斗、研钵、尼龙布。

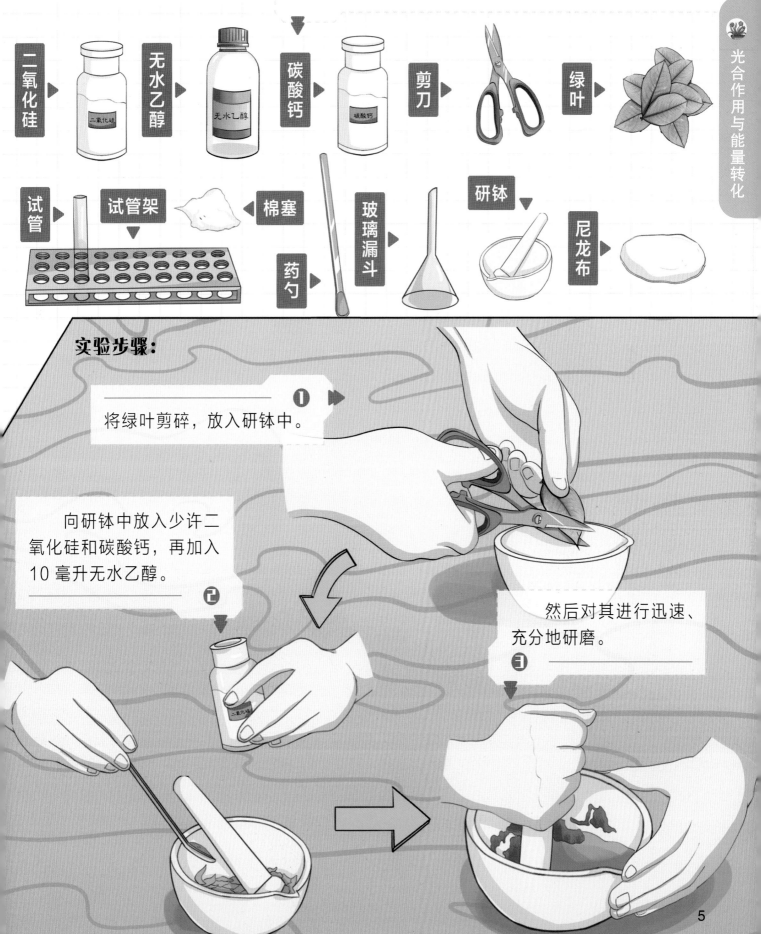

二氧化硅 ▶ 无水乙醇 ▶ 碳酸钙 ▶ 剪刀 ▶ 绿叶

试管 ▶ 试管架 ◀ 棉塞 玻璃漏斗 研钵 尼龙布

药勺

实验步骤：

❶ 将绿叶剪碎，放入研钵中。

❷ 向研钵中放入少许二氧化硅和碳酸钙，再加入10毫升无水乙醇。

❸ 然后对其进行迅速、充分地研磨。

收集滤液后，及时用棉塞将试管口堵住。
⑤

④
将研磨液迅速倒入铺有单层尼龙布的玻璃漏斗中进行过滤。

液体中含有的绿色色素就是叶绿素。

原来是这样。

下面我们再对色素进行分离。

怎么分离？

干燥的定性滤纸条、烧杯、层析液、毛细吸管、剪刀、笔。

实验二名称：绿叶中色素的分离
实验材料：

笔
毛细吸管
层析液
烧杯
剪刀
定性滤纸条

科学实验百科全书

实验步骤：

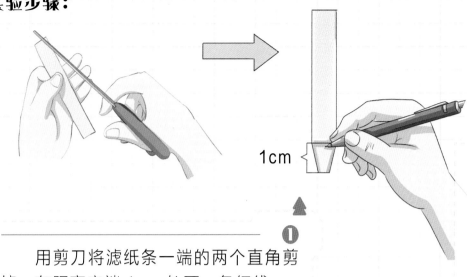

① 用剪刀将滤纸条一端的两个直角剪掉，在距离窄端1cm处画一条细线。

② 用毛细吸管吸取少量实验一中的滤液，并沿着细线涂到滤纸条上，静置一会儿，重复涂抹3次。

呀！滤纸条上有好几种颜色。

③ 把层析液倒入烧杯中，然后将滤纸条浸入烧杯的层析液中。注意：滤纸细线不要触及层析液。

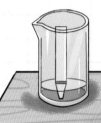

胡萝卜素（橙黄色）

叶黄素（黄色）

叶绿素a（蓝绿色）

叶绿素b（黄绿色）

④ 静置一段时间后，可以发现滤纸条上出现了多种色素带。

看，蓝绿色和黄绿色出现较多。

实验结论：

通过以上两个实验可以看出，绿叶中的叶绿素含量最多，而叶黄素和胡萝卜素含量较少，这是叶子呈现绿色的原因。这些色素位于叶片的叶绿体中，它们通过吸收太阳光进行光合作用。

植物生长的必备条件——光

鹏鹏放学回家后，看见爸爸正在阳台浇花。

这盆花放到阳台上后，长得越来越茂盛了。

因为阳台上阳光充足，有利于植物的生长。

咱们来做一个小实验，你就明白啦！

我不太明白。

实验名称：探究光照强弱对光合作用强度的影响

实验材料：

台灯

培养皿

碳酸氢钠溶液

烧杯

水

打孔器

绿叶

镊子

注射器

绿叶、注射器、镊子、打孔器、碳酸氢钠溶液、台灯、培养皿、烧杯、水。

实验步骤：

用直径为 0.6cm 的打孔器从绿叶上打出 30 片圆形叶片。

培养皿中放入水。

用镊子将圆形叶片放入培养皿中。

❹ ▶▶

将注射器的活塞拔出，用镊子把浸满水的圆形叶片全部放入注射器中。

❺ ⚑

再把活塞插入注射器中，将培养皿中剩余的水吸入注射器中。

❻ ▶▶

排出注射器内的空气。

❼ ▶▶

用手指堵住注射器前端的小孔，慢慢地反复拉动活塞，使圆形叶片内的气体溢出。因为圆形叶片细胞间隙内充满了水，所以全部沉到水底。

科学实验百科全书

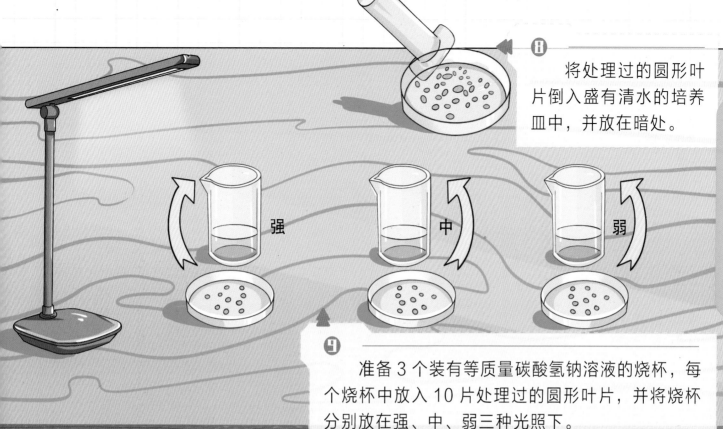

❽ 将处理过的圆形叶片倒入盛有清水的培养皿中，并放在暗处。

❾ 准备 3 个装有等质量碳酸氢钠溶液的烧杯，每个烧杯中放入 10 片处理过的圆形叶片，并将烧杯分别放在强、中、弱三种光照下。

❿ 利用烧杯与光源的距离来调节光照强度。放置 1~3 小时后，发现光照强的烧杯中浮起来的叶片数量最多。

爸爸，为什么光照强的烧杯中的叶片会浮起来？

因为这个烧杯中的叶片在强光照射下产生的氧气最多，使下沉叶片的浮力增加而上浮。

实验结论：

在适宜的光照强度范围中，光照强度越强，光合作用就越强，越有利于植物的生长。光照强度越弱，光合作用也越弱，不利于植物的生长。

氧气是如何产生的

鹏鹏放学回到家，想找爸爸问一问在课堂上没有理解的知识。

实验名称：观察氧气的产生

实验材料：

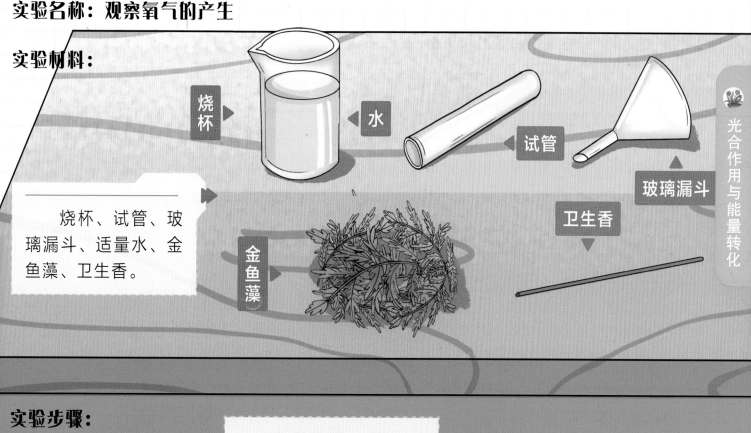

烧杯 ◄ 水 ◄ 试管 玻璃漏斗 卫生香 金鱼藻

烧杯、试管、玻璃漏斗、适量水、金鱼藻、卫生香。

实验步骤：

① 在装有清水的烧杯中放入金鱼藻。

② 将漏斗倒扣着放入烧杯，使金鱼藻全部被漏斗罩住。

③ 然后把试管装满水，并用大拇指完全盖住试管口。

④ 将试管倒扣在漏斗的顶部，在此过程中，不要让试管中的水流出。然后将烧杯放在阳光下。

5

过了一段时间，漏斗内产生了气泡。

6

这些气泡不断向上运动，最后冲出漏斗，聚集在试管底部。

7

随着气泡的不断增多，试管中的水面逐渐向下移动。

8

待气体充满整个试管时，用大拇指堵住试管口，将试管从水中拿出。

实验结论：

　　光合作用是绿色植物通过叶绿体，利用光能，把二氧化碳和水转化成储存能量的有机物，并且释放出氧气的过程。

魔法小罐

不相信。

鹏鹏，你相信小罐会变魔法吗？

妈妈打扫卫生时，鹏鹏不小心将小罐掉到地上。小罐向前滚动，妈妈想到了一个小实验。

没见过。

你见过小罐在水平面上来回滚动吗？

我们一起来试一试吧！

实验名称：魔法小罐的制作

实验材料：

罐子、细绳、螺母、橡皮筋、锥子、回形针。

▲ 罐子

▲ 细绳

▲ 螺母

▲ 橡皮筋

◀ 锥子

▲ 回形针

实验步骤：

❷ 再用锥子在小罐的底部穿两个小孔。

❶ 用锥子在小罐的盖子上穿两个小孔。

❸ 用细绳穿过螺母。

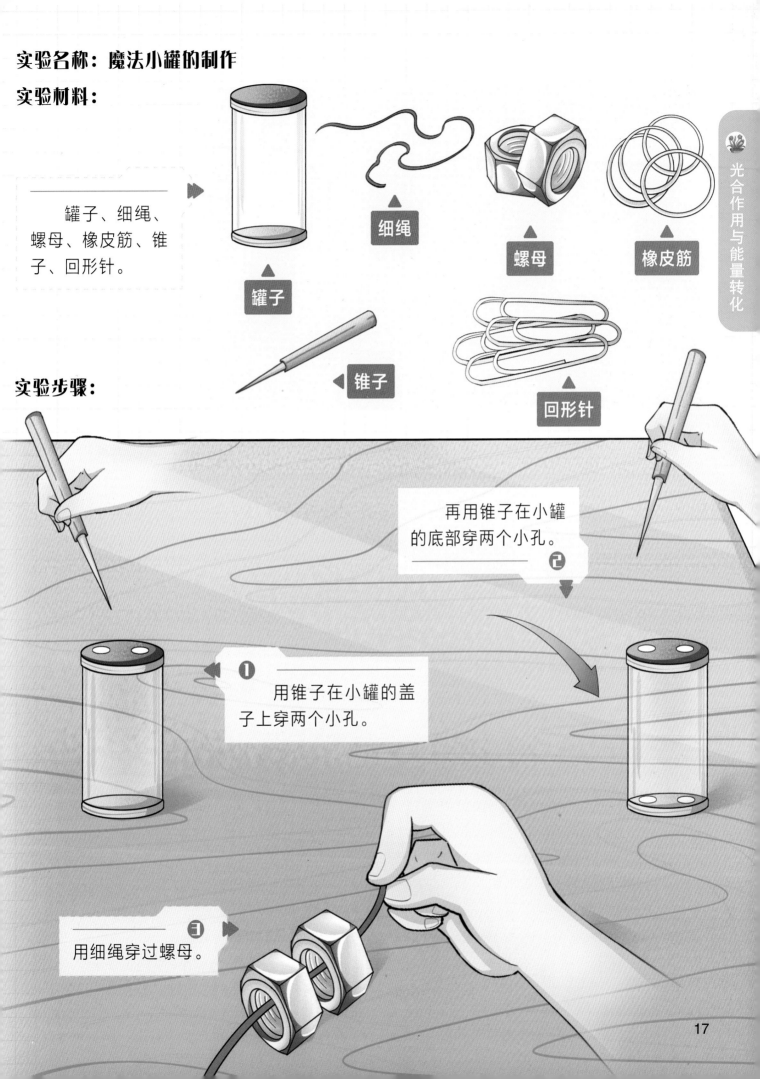

4 将带有螺母的细绳系在橡皮筋的中间位置。

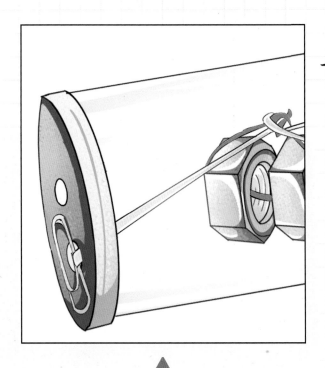

5 将橡皮筋穿过小罐的一个小孔，并用回形针固定住。

6 用同样的方法将橡皮筋依次固定到其余 3 个小孔上。

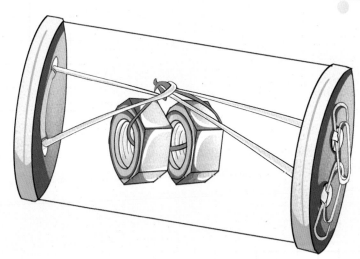

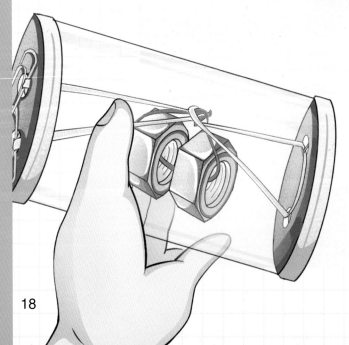

7 在水平地面上，将小罐向前推一下。

科学实验百科全书

它真的能来回滚动呀！

这就是能量转化的结果！

我们发现，小罐在滚出去没多远后又滚了回来，最后停止。

太有意思啦！我也要自己做一个。

好呀！

实验结论：

　　小罐向前滚动时，因为橡皮筋上面挂着重物，使有弹力的橡皮筋发生扭动，从而将动能转化成弹性势能和内能。当小罐往回滚动时，弹性势能又转化成动能。因为小罐与地面有摩擦力，小罐的机械能逐渐变小，最后停止。

光合作用与能量转化

19

电池的神奇力量

鹏鹏，电池不能乱扔！

为什么？

生活中，很多地方都会用到电池，如何正确使用电池并合理处理废弃电池，是保护环境的关键。

电池含有有害物质，不仅会影响人们的健康，还会污染环境。

那应该怎么处理呢？

要扔进装有害垃圾的垃圾桶中。

我知道啦！

有害垃圾

科学实验百科全书

21

实验名称：自制小马达

实验材料：

1 节电池、4 块磁铁、适量铜线。

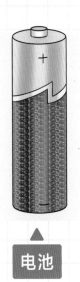

电池

磁铁

铜线

实验步骤：

① 将铜线弯成如右图所示的形状。

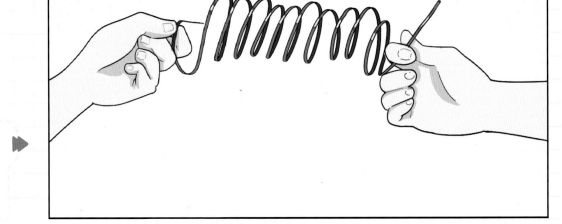

② 用电池的负极吸住 4 块磁铁。

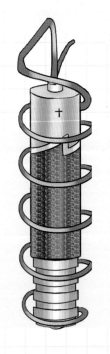

③ 把铜线圈套在电池上。

实验结论：

    铜线圈的自动旋转是将电能转化为机械能，电动车的运行就是利用了这个原理，利用电能使通电线圈旋转，形成磁动势，建立磁场，从而驱动马达运动。

会"发电"的西红柿

电是生活中必不可少的能源，节约用电是我们每个人的责任。

最近，爸爸发现鹏鹏经常一边看电视，一边做其他的事情。

鹏鹏，你知道电有多重要吗？

如果没有电，我就不能看电视和打电话了。

实验名称：西红柿发电

实验材料：

4个西红柿、4片锌片、4片铜片、5根导线（2根红线、3根蓝线）、1个小灯泡。

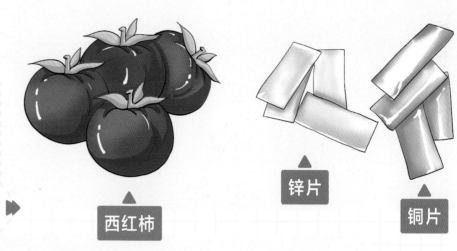

西红柿

锌片

铜片

导线

小灯泡

实验步骤：

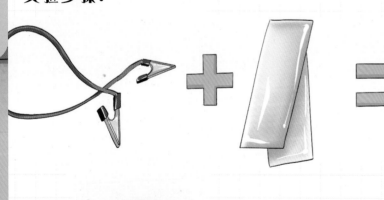

❶ 导线的两端分别连接上锌片和铜片。

❷ 将一根导线两端的锌片和铜片分别插入两个西红柿中。

❸ 将其他导线分别插入西红柿中。注意：一个西红柿中不能同时存在两个锌片或者两个铜片。

科学实验百科全书

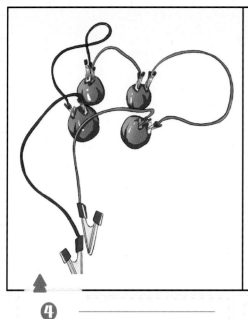

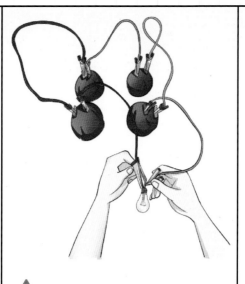

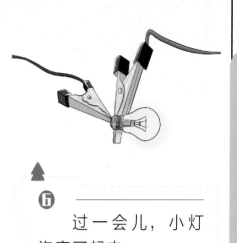

6 过一会儿，小灯泡亮了起来。

4 将所有导线连接完毕，第4根和第5根导线各留出一个不带锌片和铜片的夹子。

5 最后，用不带锌片和铜片的夹子与小灯泡相连接。

西红柿能发电，柠檬、西瓜、土豆等果蔬也能发电，只是它们发出的电流有强有弱。

太有趣啦！

实验结论：

小灯泡之所以会亮，是因为水果中含有酸性电解质，锌片和铜片中的电化学活性能够置换出水果中的氢离子，从而产生电流。也就是说，水果发电是将化学能转化成了电能。

神奇的能量世界

鹏鹏，今天爸爸带你去公园。
好呀！
哇！公园里的花都开了。
是啊！
爸爸，这些花为什么开得这么好？
因为有充足的阳光和水。
有了阳光和水，植物就能进行光合作用了，对不对？
鹏鹏真聪明！

科学实验百科全书

实验结论：

　　自然界中的能量无处不在，在一定条件下，各种形式的能量可以互相转化。人们利用能量转化，创造出了很多利于人类生产、生活的工具。人类在利用能源的同时，也要保护能源，减少环境污染，共同建设美好的家园。

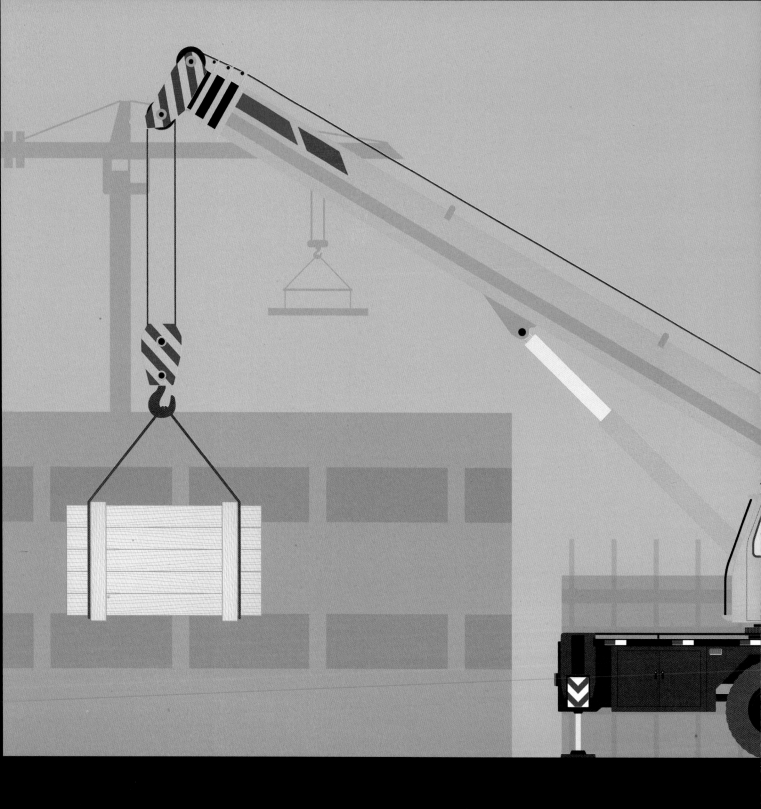

滑轮与杠杆

滑轮是由可绕中心轴转动的、有沟槽的圆盘和跨过圆盘的柔索所组成的可以绕着中心轴旋转的简单机械，是可以用来提升重物并能省力的简单机械。杠杆则是一根在力的作用下能绕着固定点转动的硬棒，在生活中常见的跷跷板、剪刀、钓鱼竿等都是杠杆。

生活中的滑轮与杠杆

科学实验百科全书

❷ 向下拉动旗杆上的绳索，通过滑轮的牵引，彩旗就升到了旗杆顶端。

❶ 旗杆上飘扬的彩旗是依靠滑轮升起的。

这种滑轮是定滑轮，它的轴是固定不动的。

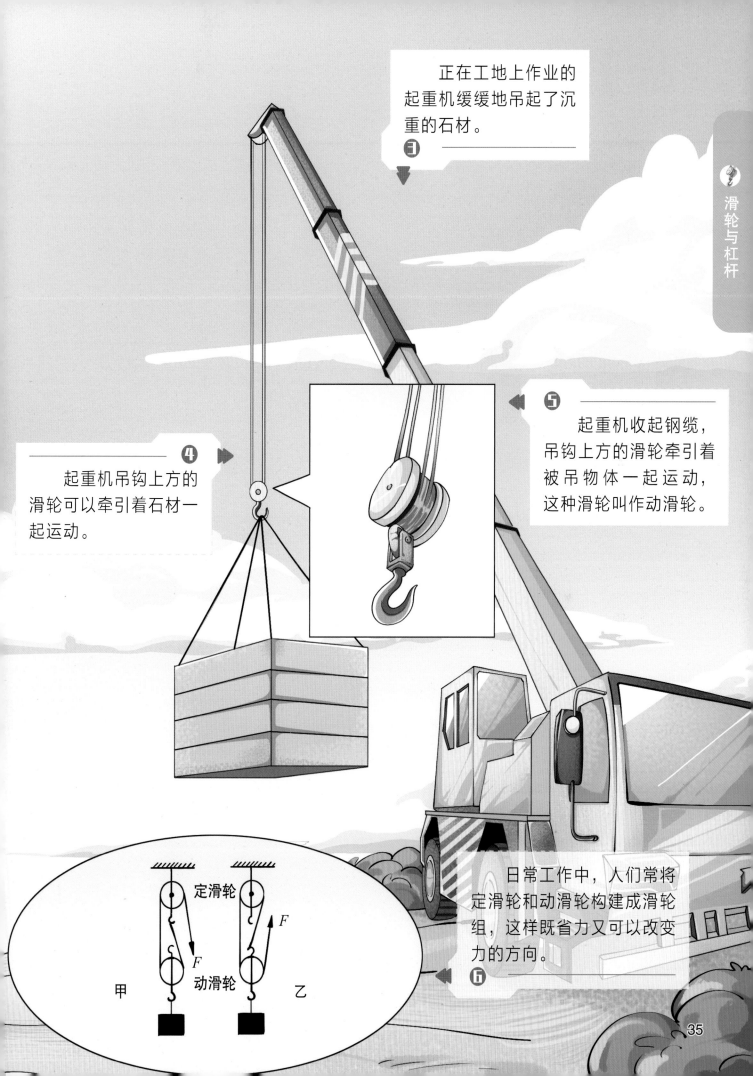

正在工地上作业的起重机缓缓地吊起了沉重的石材。
3

5
起重机收起钢缆，吊钩上方的滑轮牵引着被吊物体一起运动，这种滑轮叫作动滑轮。

4
起重机吊钩上方的滑轮可以牵引着石材一起运动。

日常工作中，人们常将定滑轮和动滑轮构建成滑轮组，这样既省力又可以改变力的方向。
6

定滑轮
动滑轮
甲   乙
F
F

35

7

杠杆是另一种简单的机械。人类很早就会使用杠杆了。古时候，人们常利用杠杆原理，用木棒搬动巨大的石材或木材建造宫殿。

8

生活中的杠杆无处不在。比如，用筷子夹菜。

9

剪刀也是利用杠杆原理进行工作的。

10

找一根硬的木棒，在力的作用下，它能围绕一个固定点转动，这根硬木棒就是杠杆。

支点：杠杆可以绕其转动的点 O
动力：使杠杆转动的力 F_1
阻力：阻碍杠杆转动的力 F_2
动力臂：从支点 O 到动力 F_1 作用线的距离 l_1
阻力臂：从支点 O 到阻力 F_2 作用线的距离 l_2

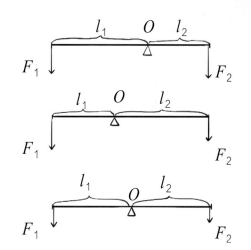

$l_1>l_2$，$F_1<F_2$ 是省力杠杆

$l_1<l_2$，$F_1>F_2$ 是费力杠杆

$l_1=l_2$，$F_1=F_2$ 是等臂杠杆

我们生活中常见的船桨是费力杠杆。手加在船桨上的力是 F_1，水加在船桨上的力是 F_2，只有 $F_1>F_2$，船才会前行。虽然这种杠杆比较费力，但节省了距离。

滑轮和杠杆都是十分简单的机械，在生活中应用广泛，为我们的生活带来了很多便利。

实验结论：

想一想，生活中常见的指甲刀、扳手、订书机、镊子、鱼竿、天平、跷跷板，哪些是省力杠杆？哪些是费力杠杆？哪些是等臂杠杆？

阿基米德移动大船

"给我一个支点，我能撬动整个地球。"这是著名古希腊科学家阿基米德的名言。

国王听说了这句话，便找来阿基米德。

❶

撬动地球是绝对不可能的！

尊敬的国王陛下，用杠杆就可以做到这件事。

我没有骗你，陛下，这是科学！

我不信，除非你能帮我移动一样非常重的东西，我才愿意相信你的话。

国王这时的确遇到了一个难题。他造了一艘巨大的船，可船造好后，找了许多人也无法把这艘大船推下水。

阿基米德答应了国王的要求。他回去后，便制作了一套由杠杆和滑轮组成的机械。一切准备就绪，阿基米德邀请国王观看大船下水，并请国王拉动滑轮旁的绳子。

国王拉动绳子之后，大船竟然慢慢地下了水。国王非常惊讶，从此十分信任阿基米德。

❹

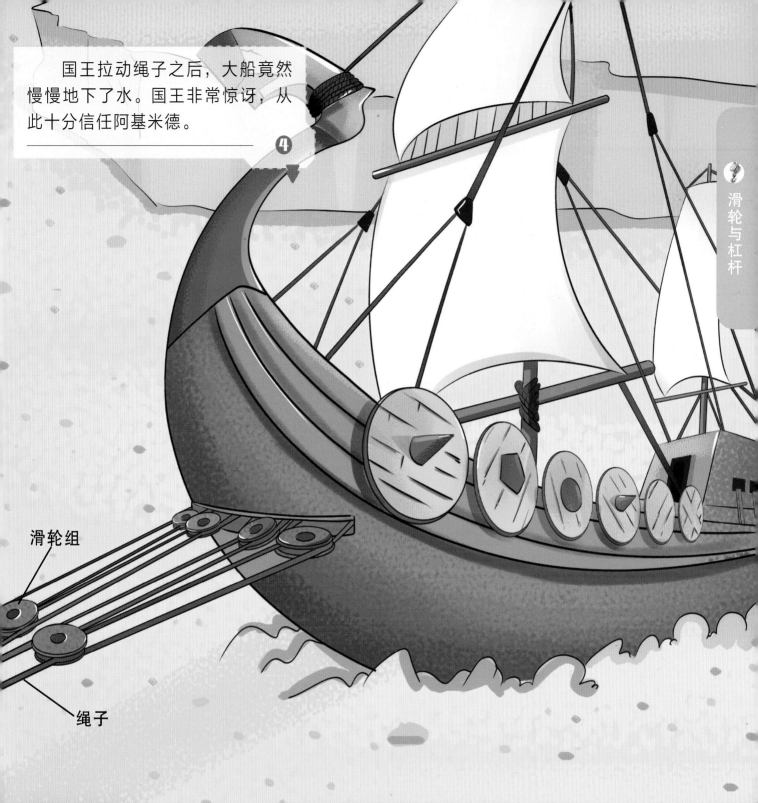

滑轮组

绳子

实验结论：

　　阿基米德用的是滑轮组，滑轮组是由多个滑轮构成的。在滑轮组和杠杆的作用下，仅依靠国王一个人的力量也可以拉动大船。

位置不动的定滑轮

滑轮、钩码、弹簧测力计、绳子、铁架台、笔、坐标纸（包括硬纸板）。

实验名称：研究定滑轮的特点

实验材料：

绳子

钩码

弹簧测力计

铁架台

笔

坐标纸

滑轮

实验步骤：

① 先用弹簧测力计测量出钩码所受的重力，测得结果为 1 N（力的单位）。

② 把坐标纸和滑轮固定在铁架台上，将绳子穿过滑轮。

③ 绳子的一端挂上钩码。

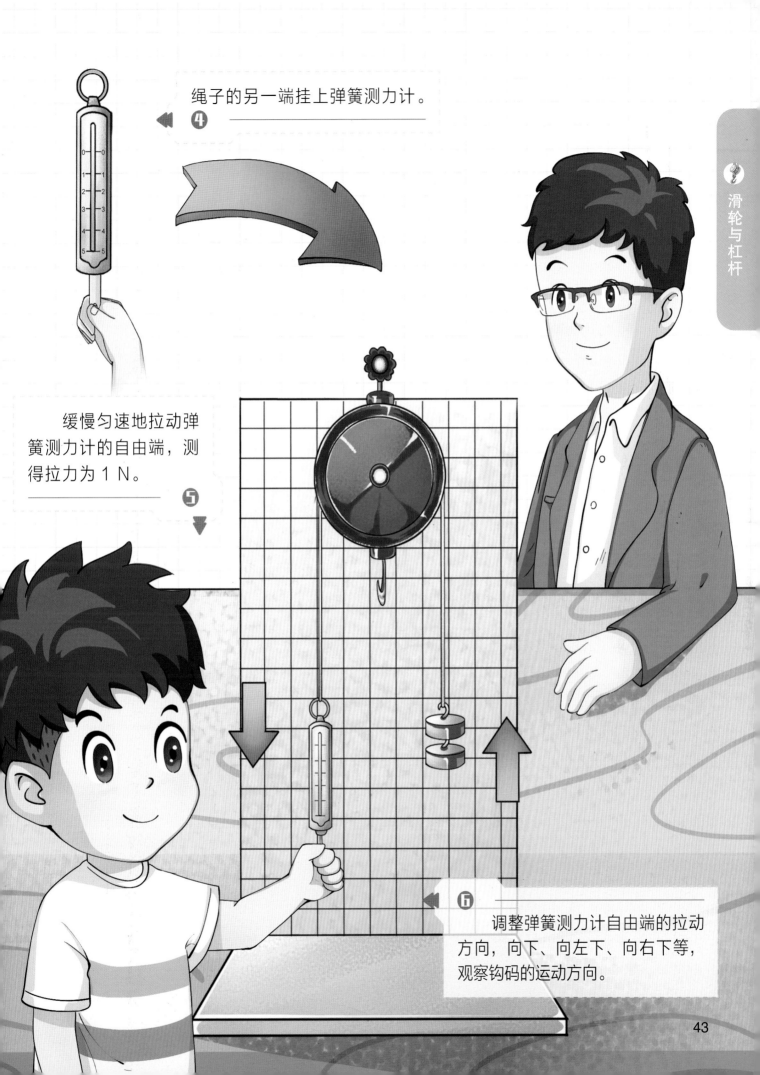

绳子的另一端挂上弹簧测力计。

④

缓慢匀速地拉动弹簧测力计的自由端，测得拉力为 1 N。

⑤

⑥

调整弹簧测力计自由端的拉动方向，向下、向左下、向右下等，观察钩码的运动方向。

我们发现，无论拉力是向左下、向右下，还是垂直向下，钩码运动的方向始终是向上的。

❼ ▶▶

此时物体的运动方向和拉力的方向不同。

调整钩码位置，使钩码和弹簧测力计处于持平状态。

❽ ▼

用笔记下钩码底部对应在坐标纸上的位置，再记下弹簧测力计底部对应在坐标纸上的位置。

❾ ▼

科学实验百科全书

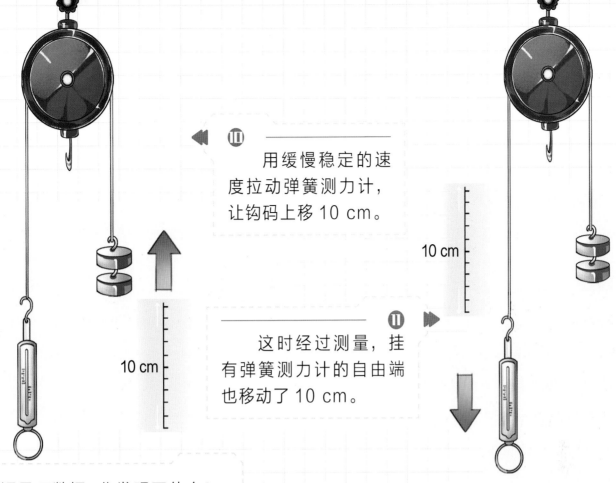

用缓慢稳定的速度拉动弹簧测力计，让钩码上移 10 cm。

这时经过测量，挂有弹簧测力计的自由端也移动了 10 cm。

记录下数据，你发现了什么？

物重 G	拉力 F	物体移动方向	拉力方向	物体移动距离 h	自由端移动距离 s
1 N	1 N	方向不同		10 cm	10 cm

物重 G	拉力 F	物体移动方向	拉力方向	物体移动距离 h	自由端移动距离 s
$F=G$		可以改变方向		$s=h$	

实验结论：

使用定滑轮并不省力和距离，但是可以改变力的方向。

位置不固定的动滑轮

实验名称：研究动滑轮的特点

实验材料：

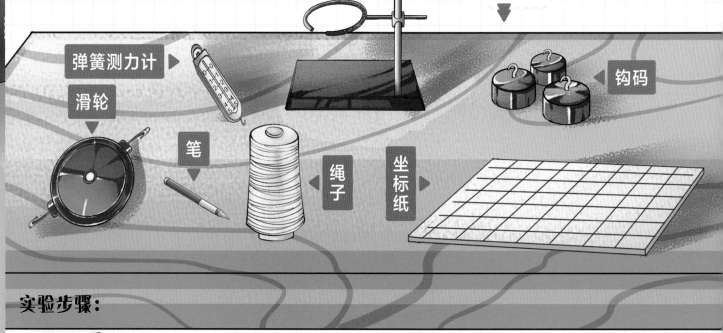

弹簧测力计

滑轮

笔

绳子

坐标纸

铁架台

钩码

钩码、滑轮、弹簧测力计、绳子、铁架台、笔、坐标纸（包括硬纸板）。

实验步骤：

① 将钩码挂在滑轮上，用弹簧测力计测量出钩码和滑轮所受的重力。

② 我们将钩码和滑轮统称为物体。测得物体所受重力为 1.2 N。

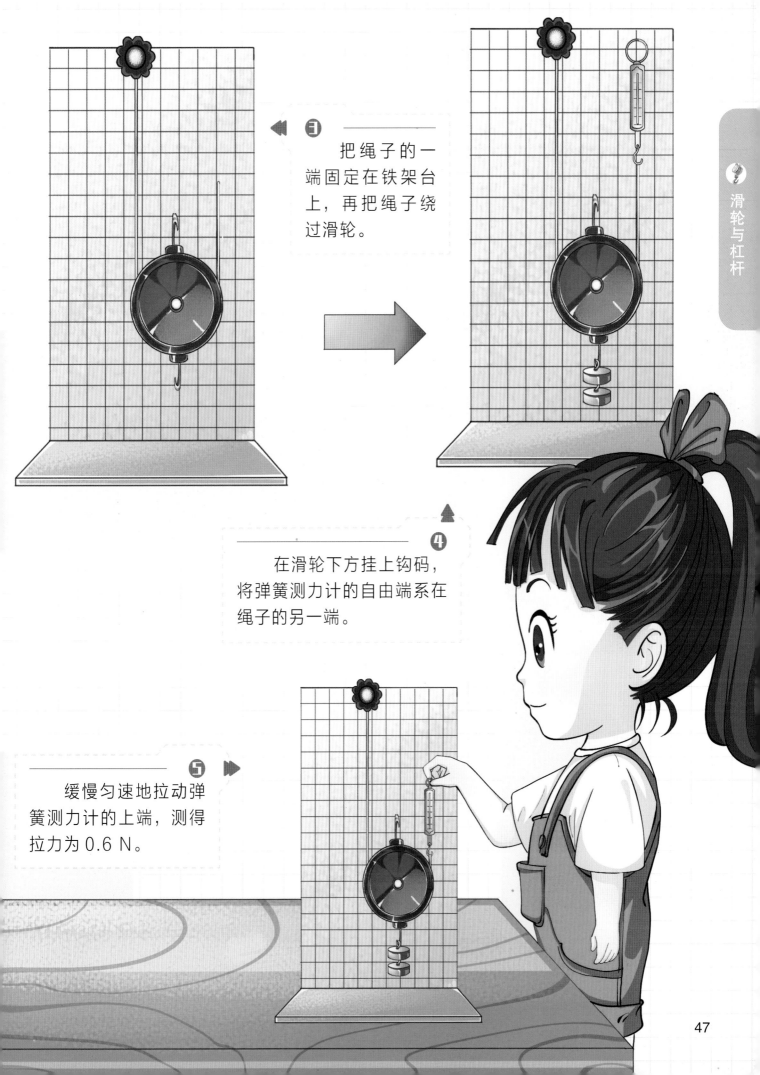

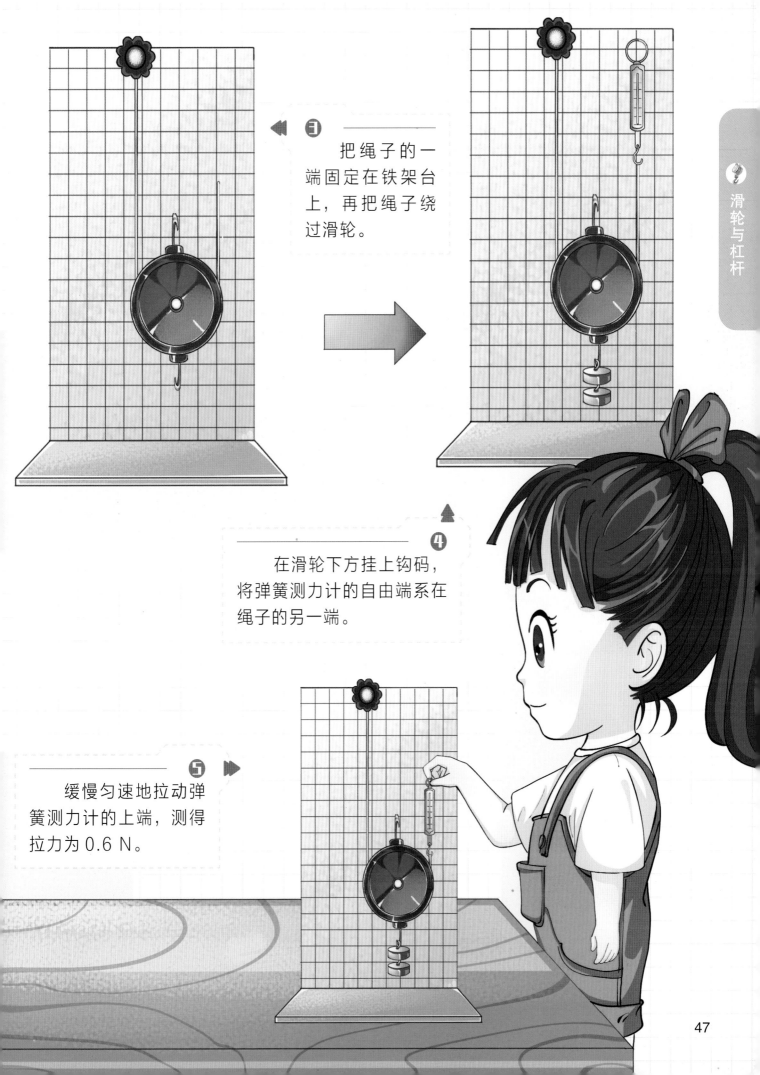

3 把绳子的一端固定在铁架台上,再把绳子绕过滑轮。

4 在滑轮下方挂上钩码,将弹簧测力计的自由端系在绳子的另一端。

5 缓慢匀速地拉动弹簧测力计的上端,测得拉力为 0.6 N。

滑轮与杠杆

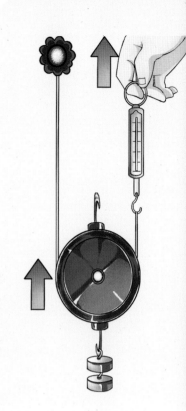

6 ▶▶ 我们在向上拉动弹簧测力计时，物体也在向上运动。我们在向下移动弹簧测力计时，物体也在向下运动。因此可知，此时物体运动的方向和拉力方向相同。

◀◀ **7** 接下来，调整测力计的位置，使物体固定端和弹簧测力计处于持平状态。

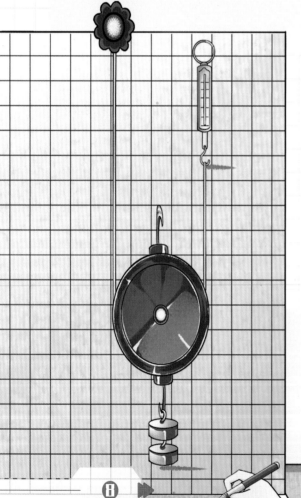

8 ▶▶ 用笔标记出钩码底端和弹簧测力计底端在坐标纸上对应的位置。

科学实验百科全书

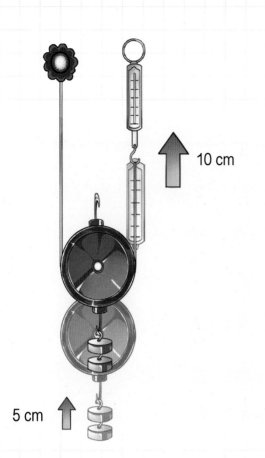

10 cm

5 cm

❾ 匀速缓慢地拉动弹簧测力计，使物体向上移动 5cm，这时会发现弹簧测力计的自由端上移了 10cm。

记录下数据，你发现了什么？

物重 G	拉力 F	物体移动方向	拉力方向	物体移动距离 h	自由端移动距离 s
1.2 N	0.6 N	方向相同		5 cm	10 cm

物重 G	拉力 F	物体移动方向	拉力方向	物体移动距离 h	自由端移动距离 s
	$F=1/2G$	不能改变方向			$s=2h$

实验结论：

使用动滑轮可以省力，但是费距离，并且不能改变力的方向。

古代的投石车

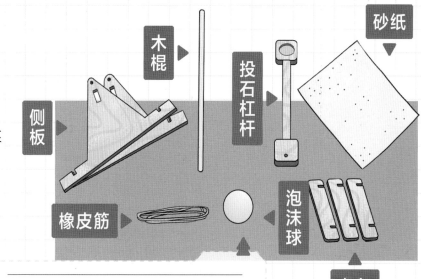

实验名称：仿制简易的古代投石车

实验材料：

在很多古装剧的战争场面中，我们会看到一种神奇的武器——投石车。今天，我们就一起还原一下古代的投石车。

卡条、侧板、木棍、投石杠杆、橡皮筋、泡沫球、砂纸。

实验步骤：

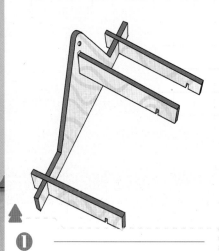

❶ 拿出三个卡条，将它们安装到一块侧板上。

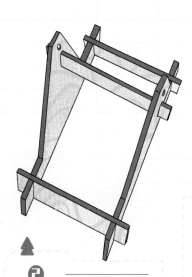

❷ 将另一块侧板也安上卡条。

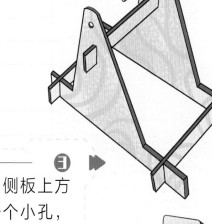

❸ 侧板上方有一个小孔，把木棍从孔中穿过。

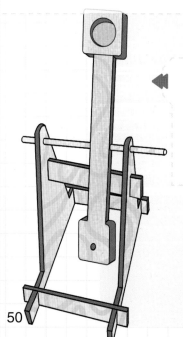

❹ 木棍穿到一半时，把投石杠杆也一并穿到木棍上。

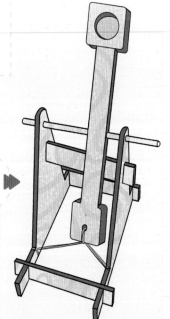

❺ 橡皮筋穿过投石杠杆下方的小孔后，分别固定在侧板两端。

7

在投石杠杆的一端放入泡沫球。一只手下压投石杠杆放泡沫球的一端。

6

调整绑好后的投石杠杆，让它处于相对中心的位置，这样就还原了古代投石车。

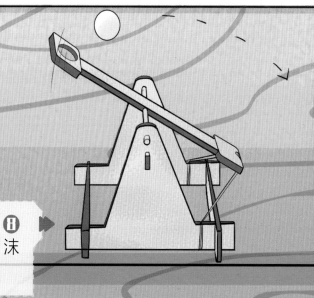

8

快速收手，泡沫球便飞出去了。

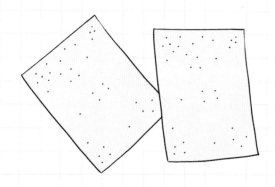

9

实验过程中，当木板表面粗糙，影响投石车平衡时，可用砂纸进行打磨。

这就是我们自制的简易投石车模型。它的作用原理和古代作战时用的投石车是一样的。

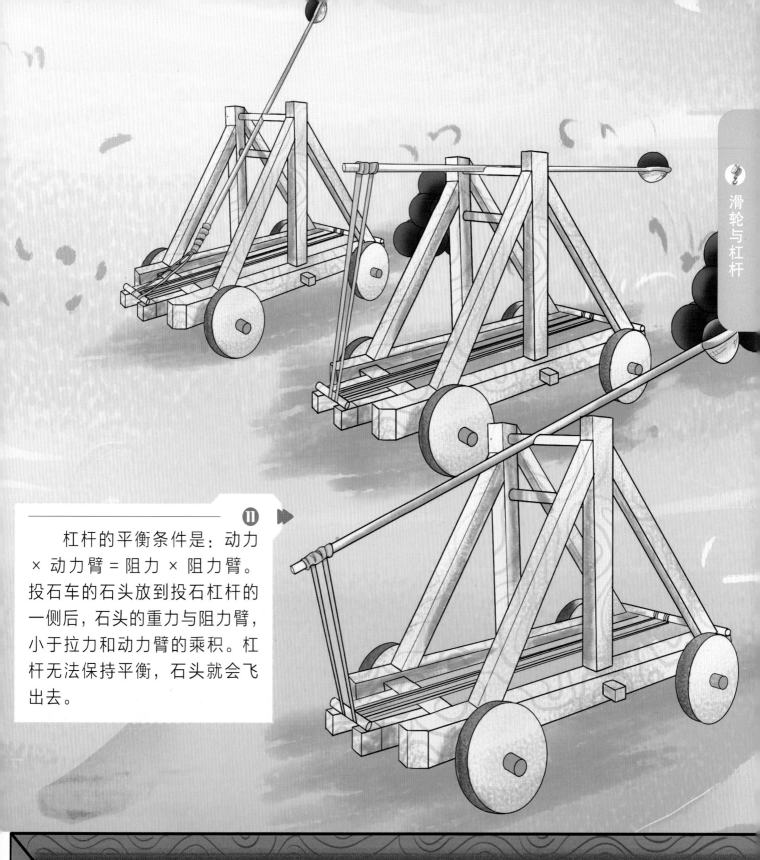

⓫ ▶▶

　　杠杆的平衡条件是：动力 × 动力臂 = 阻力 × 阻力臂。投石车的石头放到投石杠杆的一侧后，石头的重力与阻力臂，小于拉力和动力臂的乘积。杠杆无法保持平衡，石头就会飞出去。

实验结论：

　　古代投石车利用了杠杆平衡原理，它是古代战役中重要的攻城利器，也是中国古人智慧的结晶。

指甲钳的奥秘

省力杠杆和费力杠杆是两种不同的杠杆。省力杠杆的动力臂较长，动力较小，所以省力，但是会费距离。而费力杠杆正好相反，它动力臂较短，动力较大，因此费力而省距离。

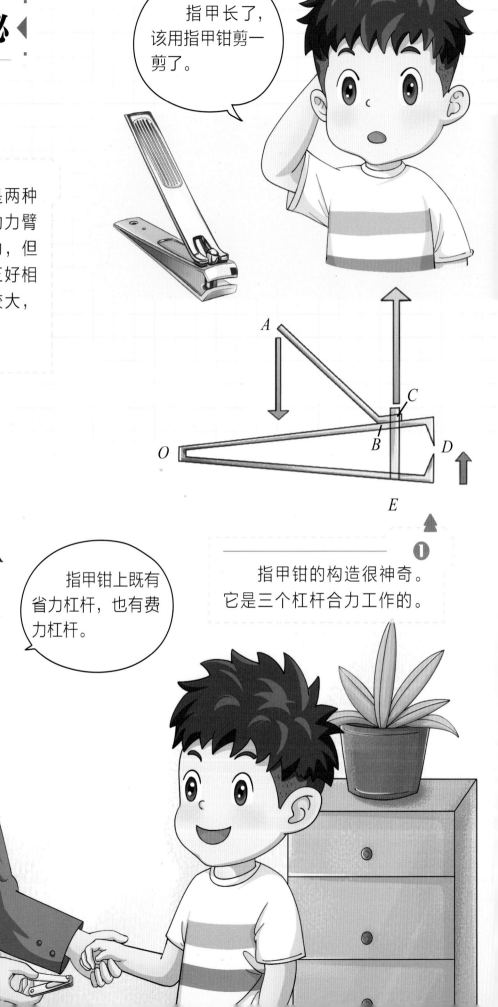

指甲长了，该用指甲钳剪一剪了。

指甲钳的构造很神奇。它是三个杠杆合力工作的。

指甲钳上既有省力杠杆，也有费力杠杆。

科学实验百科全书

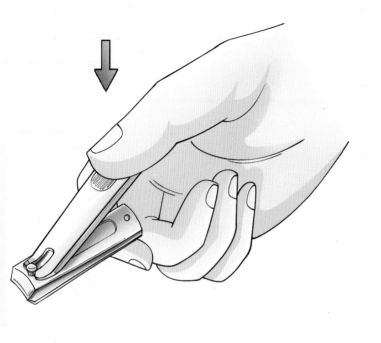

当用指甲钳剪指甲时，需要向下压手把。指甲钳的手把，即杠杆 ABC 是一个省力杠杆。

在杠杆 ABC 中，动力臂 AB 的距离大于阻力臂 BC 的距离，因此它是省力杠杆。

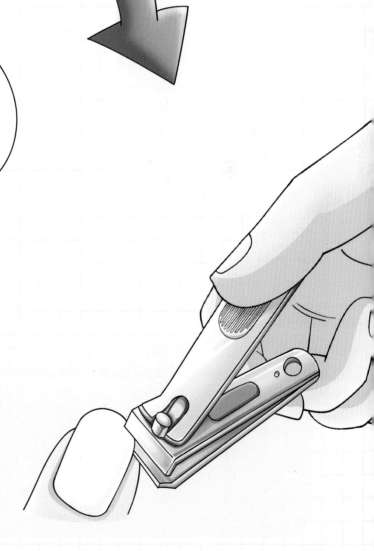

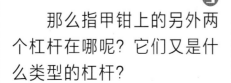

那么指甲钳上的另外两个杠杆在哪呢？它们又是什么类型的杠杆？

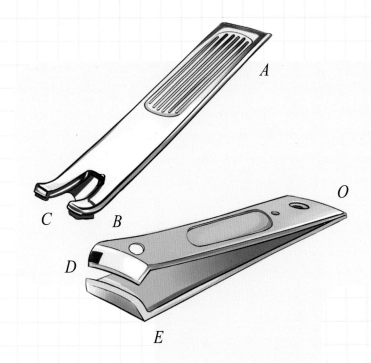

④

拆下手把，指甲钳还剩下两个连在一起的刀片，分别是第二个杠杆 *OBD* 和第三个杠杆 *OED*。

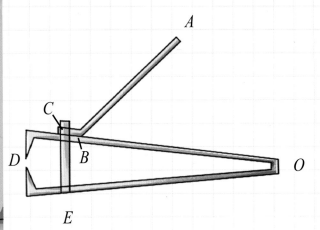

指甲钳上的杠杆 *OBD* 和杠杆 *OED* 都是费力杠杆。例如杠杆 *OBD*，动力臂 *OB* 的距离小于阻力臂 *OD* 的距离，因此它是费力杠杆。

⑤

除了费力杠杆和省力杠杆，生活中还能见到等臂杠杆，例如跷跷板。等臂杠杆是动力臂和阻力臂长度相同的杠杆，它既不省力也不费力，既不省距离也不费距离。

⑥ ▶▶

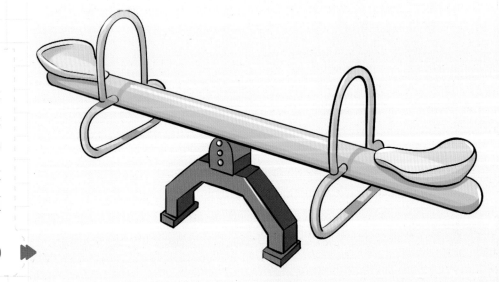

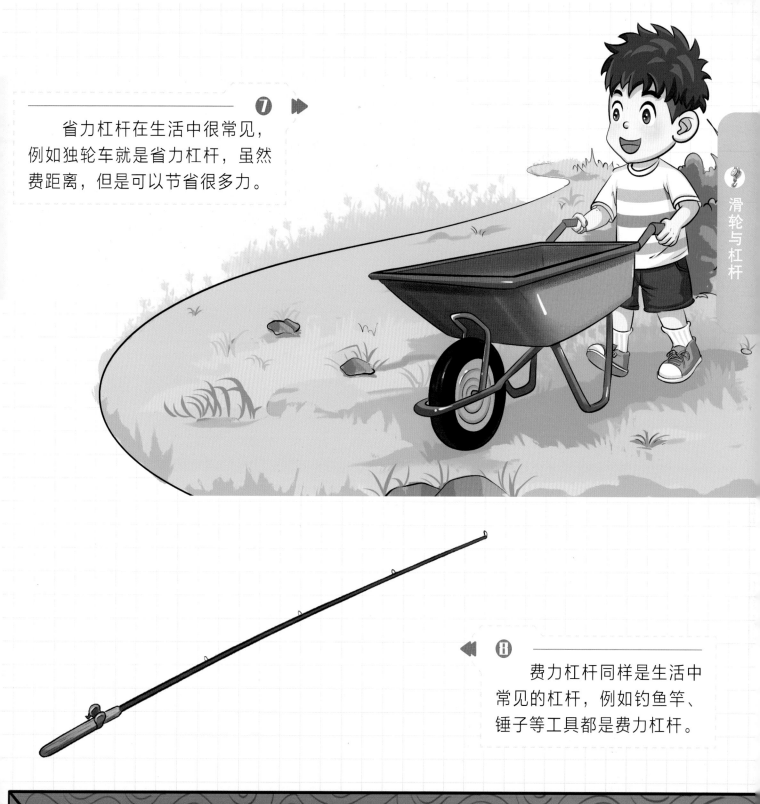

省力杠杆在生活中很常见，例如独轮车就是省力杠杆，虽然费距离，但是可以节省很多力。

费力杠杆同样是生活中常见的杠杆，例如钓鱼竿、锤子等工具都是费力杠杆。

实验结论：

省力杠杆、费力杠杆和等臂杠杆都是生活中常见的杠杆，它们有不同的用处。指甲钳是省力杠杆和费力杠杆组合成的工具。

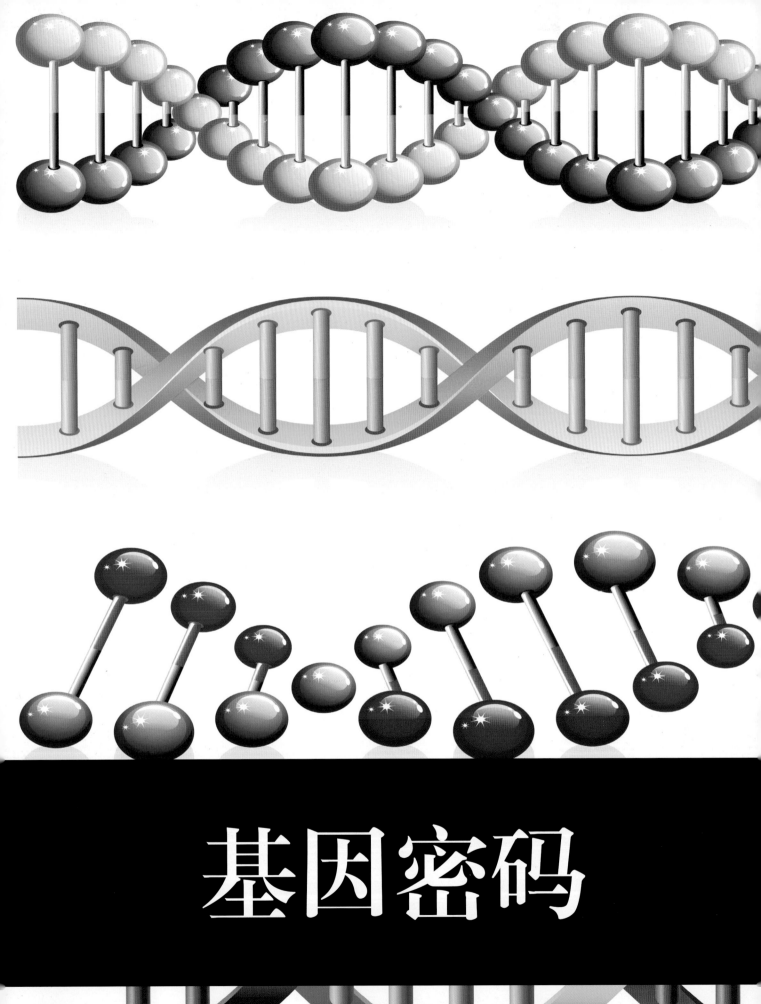

基因密码

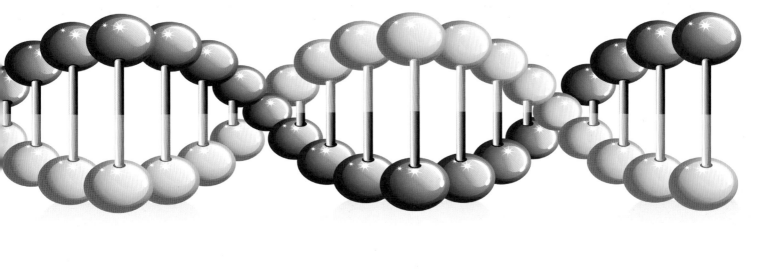

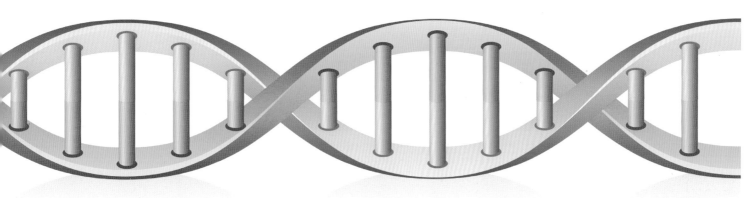

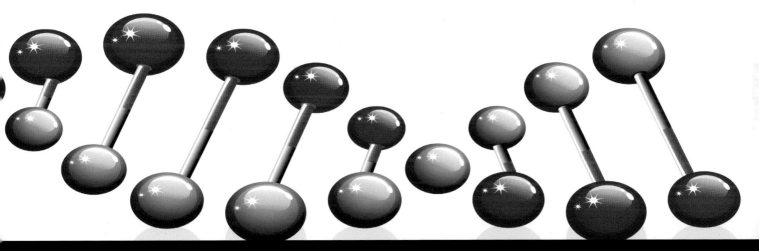

  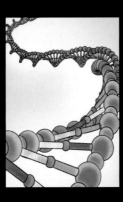

　　基因是产生一条多肽链或功能RNA所需的全部核苷酸序列，支持着生命的基本构造和性能，也储存着生命的种族、血型、孕育、生长、凋亡等过程的全部信息。生物体的生、长、衰、病、老、死等一切生命现象都与基因有关，它也是决定生命健康的内在因素。

生物的性状由什么控制

观察自己的性状特征

我们站在镜子前，仔细观察自己。
耳朵有没有耳垂？
大拇指能向背侧弯曲吗？
舌头能由两侧向中间卷曲吗？
眼睛是单眼皮，还是双眼皮？
①

科学实验百科全书

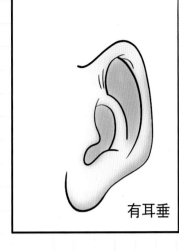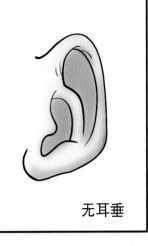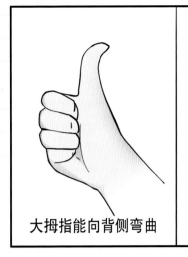

有耳垂　　　　　无耳垂　　　　　大拇指能向背侧弯曲　　　　大拇指不能向背侧弯曲

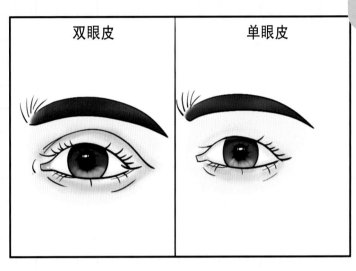

能卷舌头　　　　　不能卷舌头　　　　　双眼皮　　　　　单眼皮

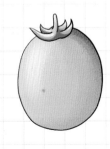

通过观察，你会发现生物体有很多的性状，比如有的人可以卷起舌头，有的人却卷不起来；有的人是单眼皮，有的人是双眼皮。

同种生物同一性状的不同表现形式被称为相对性状，比如人有单眼皮、双眼皮，番茄的果实有红色、黄色等。

性状是生物体所表现的形态结构、生理和行为等特征的统称。

番茄的红果和黄果

基因密码

妈妈，我和爸爸都是单眼皮。
是呀，你的眼睛长得像爸爸。
为什么我的眼睛长得不像妈妈?
因为你的眼睛遗传了爸爸眼睛的特征。

简单地说，遗传是指亲子间的相似性。女孩遗传了
她父亲单眼皮的基因，所以她的眼睛也是单眼皮。

❹

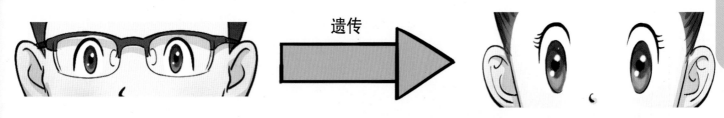

遗传

生物表现
出来的性状是
由基因控制的。

❺
观察一下，你还有哪些特征像爸
爸？哪些特征像妈妈？哪些特征与爸
爸、妈妈都像？又有哪些特征与你爸妈
的爸妈相似？这就是遗传的神奇之处。

实验结论：

　　基因控制着生物的性状，但有些性状的表现还受到环境的影响。性状的遗传
是亲代通过生殖过程把基因传递给子代。

豌豆实验的巨大发现

❶ 孟德尔，1822 年生于奥地利一个农民家庭，他从小热爱自然科学，成年后成为一名修道士。

❷ 1856 年，孟德尔在修道院后面开垦出一块豌豆田，开始了持续 8 年之久的豌豆杂交实验。

科学实验百科全书

高茎豌豆

矮茎豌豆

要想做实验，选材是关键。

3 孟德尔选择了容易区分性状的纯种豌豆，如植株是高茎和矮茎的；种子是灰色和白色的等。

4 孟德尔把矮茎豌豆的花粉授给去掉雄蕊的高茎豌豆。

5 这样，孟德尔获得了杂交一代种子。

6 后来，这些杂交子一代的种子长成的植株都是高茎的。

65

孟德尔又把子一代杂种高茎豌豆的种子种下去，结果发现长成的子二代植株有高茎的，也有矮茎的，但是矮茎的更少一些。 **7** ▶

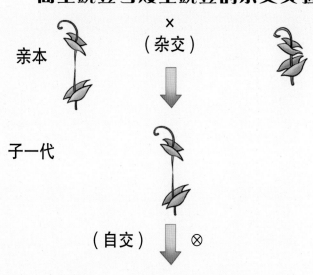

高茎豌豆与矮茎豌豆的杂交实验

× （杂交）

亲本

子一代

（自交）⊗

子二代

高茎豌豆　　　高茎豌豆　　　矮茎豌豆

◀◀ **8** ─────────

孟德尔根据实验现象推测，相对性状有显性性状和隐性性状之分。当纯种的高茎豌豆和纯种的矮茎豌豆杂交时，子一代表现出的高茎性状便是显性性状，未表现出的性状（如矮茎）是隐性性状。

看来，这是遗传因子在作怪，还有显性和隐性之分。

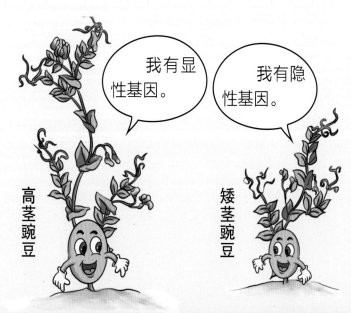

我有显性基因。

我有隐性基因。

高茎豌豆　　矮茎豌豆

显性基因，指控制显性性状的基因，比如实验里的高茎豌豆就含有显性基因，能卷舌头的人体内也含有显性基因。

隐性基因，指控制隐性性状的基因，比如实验里的矮茎豌豆因被遗传了隐性基因而不出现高茎的性状，无法卷舌头的人也是因为体内遗传了隐性基因而不能卷舌头。

豌豆的相对性状

种子形状	子叶颜色	种皮颜色	豆荚颜色	茎的高度
圆滑	黄色	灰色	绿色	高茎
皱缩	绿色	白色	黄色	矮茎

实验结论：

孟德尔根据豌豆实验成功揭示出了遗传的两条基本规律：遗传因子的分离定律和自由组合定律。孟德尔因在遗传学领域做出的巨大贡献，被称为"现代遗传学之父"。

显性基因与隐性基因

举个例子，相对于小眼睛，大眼睛就是显性基因的遗传表现；相对于不能卷舌头，能卷舌头也是显性遗传。

通过孟德尔的豌豆实验，我们知道了遗传基因有显性和隐性之分。 **①**

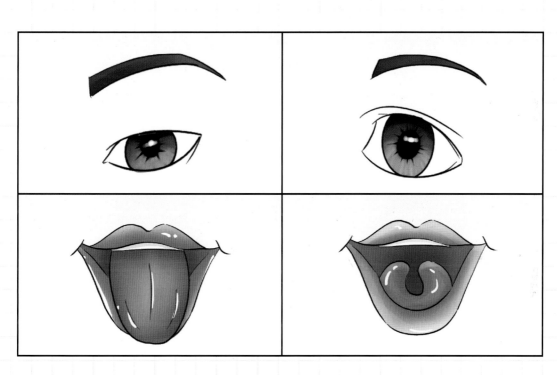

② 如果爸爸和妈妈都是大眼睛，他们生的孩子是大眼睛的可能性相对较高；如果爸爸或妈妈是大眼睛，他们生的孩子也有可能是大眼睛；如果爸爸和妈妈都是小眼睛，他们生的孩子就是小眼睛。

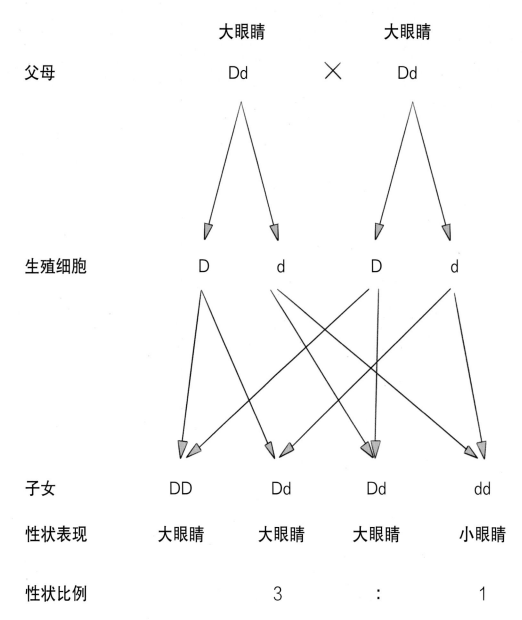

	大眼睛		大眼睛	
父母	Dd	×	Dd	
生殖细胞	D	d	D	d
子女	DD	Dd	Dd	dd
性状表现	大眼睛	大眼睛	大眼睛	小眼睛
性状比例		3	:	1

　　在上面这个遗传图中，假设父母都是大眼睛，其基因型用 Dd 表示，用大写字母 D 表示显性基因，用小写字母 d 表示隐性基因。

　　从这张遗传图可以看出子女一代出现的几种基因型：有 3/4 的概率，含有显性基因 D，子女表现为大眼睛；有 1/4 的概率，子女表现为小眼睛。

遗传

④

孩子是否是大眼睛是由显性基因 D 决定的，显性基因 D 会让孩子有大眼睛的性状表现。

你的五官长得像爸爸，还是像妈妈，都是随机从父母那里遗传的。

实验结论：

我们每个人都只能从父母那里随机地得到基因，并且得到每种基因的概率会不同，因此每个人都是世界上独一无二的个体。

小果蝇的大贡献

提到遗传，就不得不说染色体遗传理论的奠基人摩尔根。

摩尔根

他发现了什么？

他养了很多果蝇，通过它们，发现了遗传学的第三定律。

果蝇是什么动物呀？

科学实验百科全书

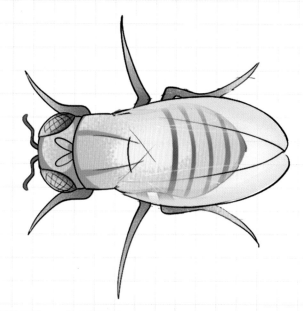

果蝇是一种小型蝇类，体长1.5～4毫米，容易饲养，繁殖也快。一只果蝇一生能产生几百个后代。是很理想的遗传学研究实验材料。

1908年，摩尔根让他的学生在暗室里饲养果蝇。

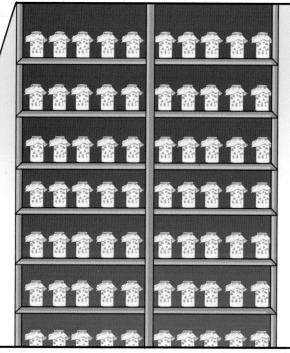

果蝇在黑暗的空间里繁殖了68代，与之前的67代果蝇相比，摩尔根并未发现有什么不同。

在第69代时，出现了眼睛暂时昏花的果蝇。

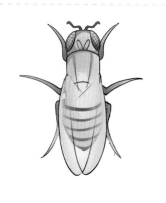

④ ▶▶ 当摩尔根赶到实验室时，这些果蝇却意外地恢复了视力向窗外飞去。

这次意外事件更激起了摩尔根研究果蝇遗传行为的好奇心，他开始大量繁殖果蝇。
⑤ ▼

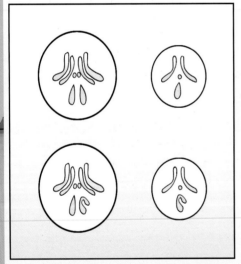

果蝇体细胞和配子的染色体图

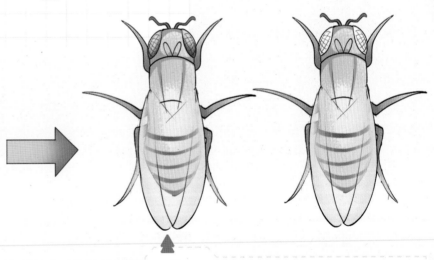

⑥ 一天，摩尔根在一群红眼果蝇中发现一只白眼雄果蝇。

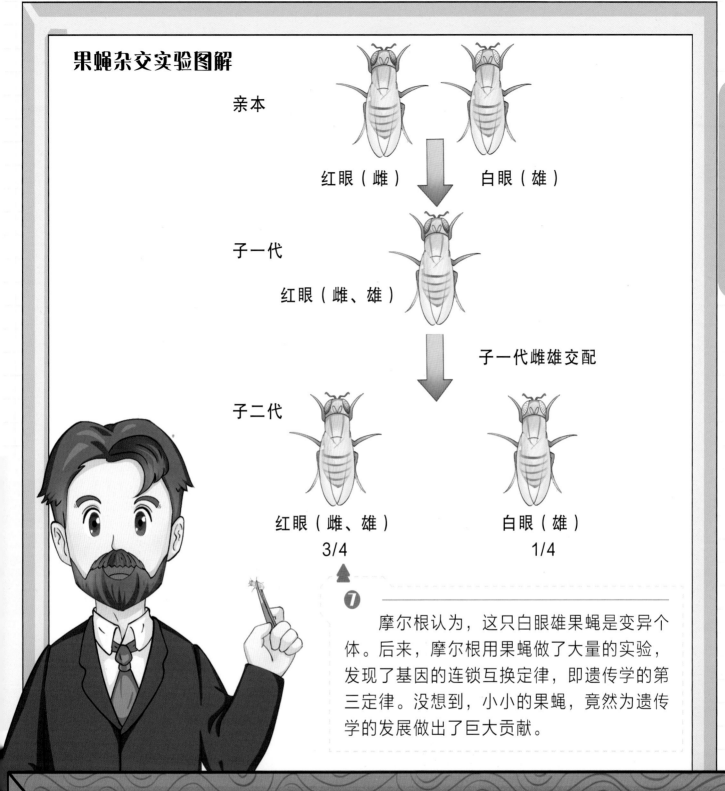

果蝇杂交实验图解

亲本

红眼（雌） 白眼（雄）

子一代

红眼（雌、雄）

子一代雌雄交配

子二代

红眼（雌、雄） 白眼（雄）
3/4 1/4

❼ 摩尔根认为，这只白眼雄果蝇是变异个体。后来，摩尔根用果蝇做了大量的实验，发现了基因的连锁互换定律，即遗传学的第三定律。没想到，小小的果蝇，竟然为遗传学的发展做出了巨大贡献。

实验结论：

　　摩尔根是美国胚胎学家、遗传学家，由于在染色体遗传理论方面的巨大贡献而荣获诺贝尔奖，人们亲切地将他工作的实验室称为"蝇室"。

袜子到底是什么颜色

妈妈，今天我和一个小朋友玩魔方时发生了争吵。

为什么呢？

哎呀，那个小朋友可能患有色盲症。

我说魔方的一面是红色的，他坚持说是灰色的。

科学实验百科全书

18 世纪，英国化学家、物理学家约翰·道尔顿在圣诞节前夕去百货公司为妈妈买了一双"棕灰色"的袜子。

❶

可是，道尔顿的妈妈看到后，觉得樱桃红色的袜子有点艳丽。

❷

这让道尔顿感到非常奇怪，他又去问其他人，他们都说袜子是樱桃红色的。

❸

是樱桃红色。

后来，道尔顿把这个发现写成了论文，他成为世界上第一个提出色盲问题的人。人们为了纪念他，又把色盲症称为道尔顿症。

④

红绿色盲是一种人类遗传病，患者不能正常区分出红色和绿色。

⑤ ▶▶

红绿色盲检查图

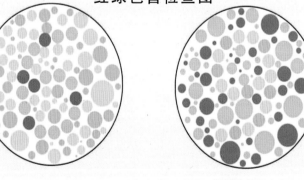

◀◀ ⑥

研究发现，红绿色盲的患者中，男性比女性多。这是因为有些人类遗传病的遗传基因位于性染色体上，所以遗传和性别有关，这叫伴性遗传。

只要男性的基因型是 X^bY，他就表现为色盲，但女性只有基因型是 X^bX^b 时，才表现为色盲，这决定了男性被遗传红绿色盲的概率高于女性。

❼ ▶▶

红绿色盲基因是位于 X 染色体上的隐性基因。

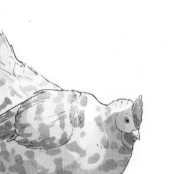

◀◀ ❽

伴性遗传在生产实践中很有用处。比如人们利用伴性遗传，根据羽毛的特征对早期的雏鸡进行雌雄区分，这样可以多养母鸡，让鸡蛋高产。

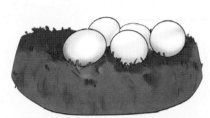

芦花雌鸡与非芦花雄鸡杂交示意图			
P（亲本）	Z^bZ^b （非芦花雄鸡）		Z^BW （芦花雌鸡）
F_1（子一代）	Z^BZ^b （芦花雄鸡）	Z^BZ^b （芦花雄鸡）	Z^BZ^b （芦花雄鸡）	Z^bW （非芦花雌鸡）

实验结论：

除了红绿色盲外，抗维生素 D 佝偻病也是伴性遗传病，它是显性遗传，女性患者往往比男性患者多。

用DNA鉴别犯罪嫌疑人

当然不是，用人的头发也能破案。

如果有人犯罪了，警察叔叔可以通过血液鉴别犯罪嫌疑人。

只能通过血液吗？

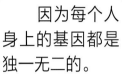

为什么？

因为每个人身上的基因都是独一无二的。

科学实验百科全书

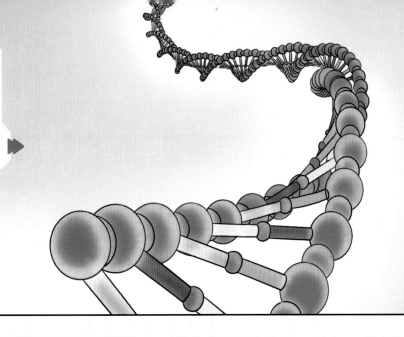

基因是具有遗传效应的 DNA 片段，在细胞里存在于遗传物质——DNA 分子上。❶ ▶▶

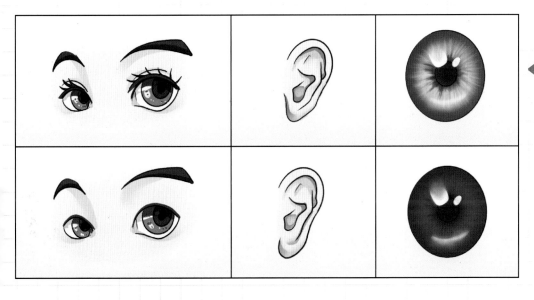

◀◀ ❷
有的基因片段决定一个人是单眼皮或双眼皮，有的决定有没有耳垂，有的决定眼睛的虹膜是黑色还是棕色。

——————— ❸ ▶▶
科学家可以用一小块皮肤组织、一根头发、少量的唾液或血液辨认出一个人。因为这些东西上都有这个人的 DNA，所以借助 DNA 可以鉴别一个人的身份，这就是 DNA 指纹技术。

亲子鉴定

死者遗骸的鉴定

医学诊断

❹ ▶▶

在现代刑侦领域中，DNA 指纹技术发挥的作用越来越大，可以帮助警察很快锁定犯罪嫌疑人。

用 DNA 进行亲子鉴定

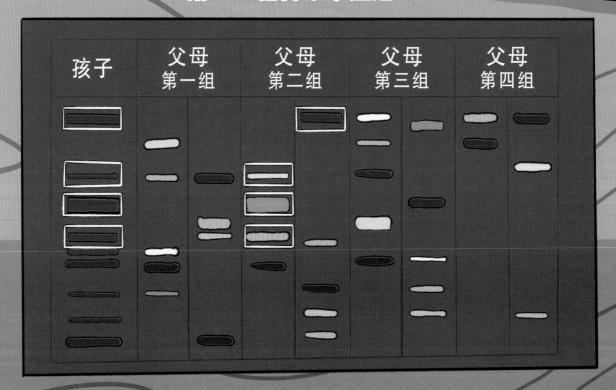

孩子	父母第一组		父母第二组		父母第三组		父母第四组	

❺

DNA 指纹技术还可应用于亲子鉴定、死者遗骸的鉴定、医学诊断等。例如上图的 DNA 亲子鉴定，结果显示，第二组父母是这个孩子的亲生父母。

DNA 指纹技术的应用步骤

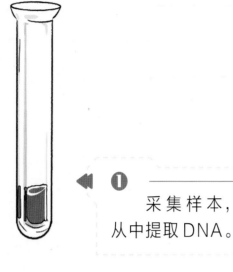

❶ 采集样本，从中提取 DNA。

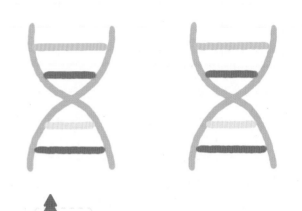

❷ 用合适的酶将待检测的样品 DNA 切成片段。

❸ 用电泳的方法将这些片段按大小分开。

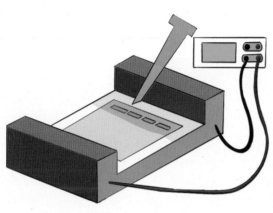

❹ 经过一系列步骤，会形成 DNA 指纹图。最后根据分析指纹图的吻合度确认，1 号嫌疑人与现场罪犯的 DNA 是吻合的。

DNA 指纹技术的应用

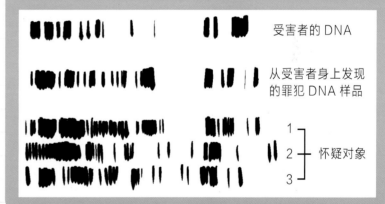

受害者的 DNA

从受害者身上发现的罪犯 DNA 样品

1
2 } 怀疑对象
3

实验结论：

DNA 指纹具有几大特点：1. 高度的特异性；2. 稳定的遗传性；3. 体细胞的稳定性一个人的血液、肌肉、毛发等产生的 DNA 指纹图形完全一致。

了不起的杂交水稻

米饭是我们的主食之一，但春种秋收是有时间周期的。我国袁隆平院士培育了高产且优质的杂交水稻品种，让粮食在短时间内实现高产，造福人类。❶

水稻的种类各有不同，有秆长和秆短的，有穗大和穗小的，有粒大和粒小的等。❷

妈妈，我吃饱了。

你的米饭还没吃完，不要浪费粮食。

让穗大的和粒大的优良性状结合在一起，产生穗大且粒大的下一代。

这种将两个或多个品种的优良性状通过交配集中在一起，再经过选择和培育，获得新品种的方法就是杂交育种。

基因密码

妈妈说得对，我们国家是粮食大国，有了科学家的研究贡献，才让我们粮食无忧。

我知道了，爸爸说的是袁隆平爷爷。

杂交水稻的育种过程

水稻是自花授粉作物，雌雄同体，花期短，每朵花只结一粒种子。

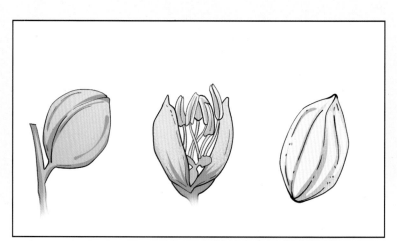

想要与其他水稻杂交，首先需要去掉雄蕊，再与雌雄同体的花粉进行结合。

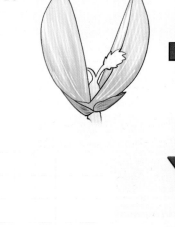

雄蕊　　雌蕊

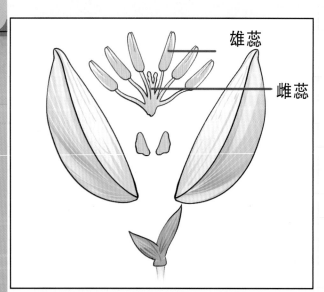

雄蕊

雌蕊

这样，产生的下一代就是杂交水稻了。

科学实验百科全书

我国科学家袁隆平一生致力于杂交水稻技术的研究，通过推广杂交水稻技术，使我国的水稻产量得到很大的提高。

实验结论：

　　杂交育种是改良作物品质、提高农作物单位面积产量的常规方法，比如小麦和水稻的高产、矮秆品种就是通过杂交育种的方法培育出来的。

热与内能

物体具有内能，温度越高，内能越大。在温度不同的物体之间，热量总是由高温物体向低温物体传递，这个过程就是热传递，它可以改变物体的内能。日常生活中，热与内能无处不在，燃烧汽油从而产生能量来驱动汽车就是其中的一种应用。

判断物体冷热的方法

热是人类最早发现的一种自然力，是地球上一切生命的源泉。

恩格斯

❶ ▶▶ 人类在地球上生活一段时间后，发现气温有时很高，有时又很低。

❷ 在物理学中，人们用温度来表示物体的冷热程度。温度高的时候，人们就会觉得热，温度低则会感觉冷。

想要测量温度的高低，就要用到测量温度的工具——温度计。家庭和实验室里常用的温度计有水银温度计、酒精温度计和寒暑表。随着科技的发展，人们还发明出了更加安全和方便的电子温度计。

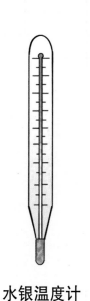

水银温度计 　酒精温度计

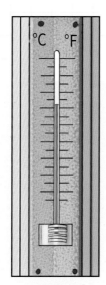

寒暑表

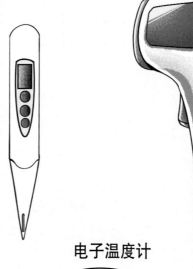

电子温度计

这些温度计是怎么测量温度的呀?

根据物体热胀冷缩的原理，温度计中的液体受热后，体积会膨胀，沿着刻度管爬升；温度计中的液体遇冷后，体积会收缩，液体就会沿着刻度管下降。

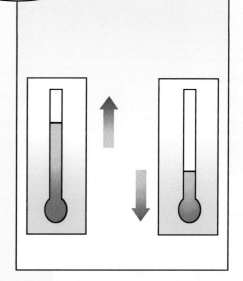

实验名称：自制温度计

实验材料：

1 个小瓶、1 个橡皮塞、1 根细玻璃管、带颜色的水。

小瓶

橡皮塞

带颜色的水

细玻璃管

实验步骤：

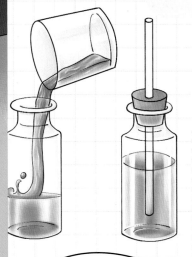

❶ 将带颜色的水倒入小瓶中后，塞上橡皮塞，并插入细玻璃管。

❷ 把小瓶放入热水中，观察玻璃管中水柱的变化。然后将小瓶拿出来，再放入冷水中，观察玻璃管中水柱的变化。

在热水中，细玻璃管中的水柱上升了，而在冷水中水柱下降了。

这是热胀冷缩现象，物体受热时会膨胀，遇冷时会收缩。人们用体温计测量体温也运用了这一原理。

实验结论:

　　每个温度计都有它所能承受的最低温度和最高温度。使用温度计时,首先要看清温度计上标注的温度范围。如果待测的温度超过了温度计所能测量的范围,温度计可能会读不出温度,或者会胀破。

让茶包"飞"起来

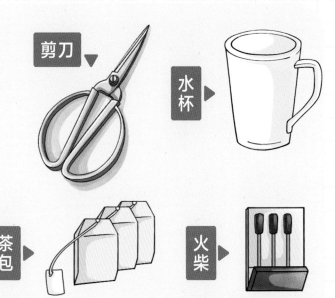

实验名称：自制茶包孔明灯

实验材料：

3个茶包、1盒火柴、1把剪刀、1个水杯。

实验步骤：

❶ 将茶包剪开，茶包的边角保持完整，将茶包中的茶叶倒入水杯中。

 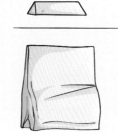 

❷ 把茶包折成柱状，立在桌上。

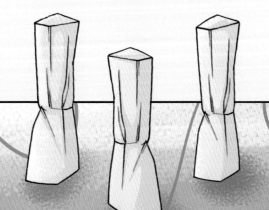

热
与
内
能

95

❹ 茶包燃烧到一定程度后，飞起来了。

科学实验百科全书

点燃孔明灯中间的燃烧物后，当有足够多的热空气充满灯身时，孔明灯就飞上天空了。

实验结论：

茶包"飞"起来与孔明灯上升的原理相同，都是利用热空气的浮力使物体上升。学习这些知识后，请小朋友思考一下，热气球是如何飞上天的呢？

向下流动的烟

实验名称：观察烟的流动方向

实验材料：

吸管 杯子 双面胶 点火器

纸 曲别针

1张纸、1根吸管、1个曲别针、1个杯子、1个点火器、适量双面胶。

实验步骤：

将吸管卷在纸中，沿着纸的短边，卷成一个细长的纸筒。❶

再将吸管从纸筒里抽出。❸

用双面胶把纸筒边固定好。❷

❹ 将曲别针拧成一个能挂在杯壁上的挂钩。

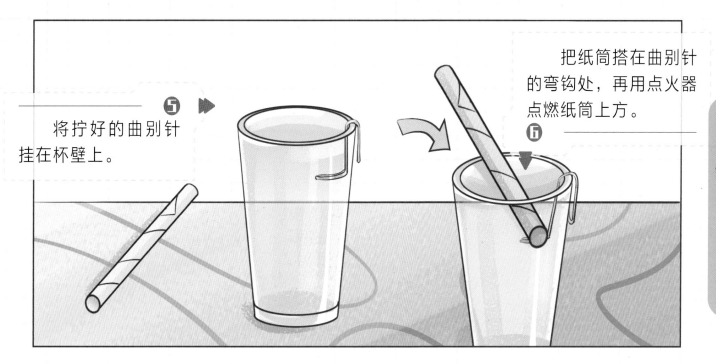

将拧好的曲别针挂在杯壁上。 **5**

把纸筒搭在曲别针的弯钩处，再用点火器点燃纸筒上方。 **6**

点火太危险了，还是请妈妈帮我点燃纸筒吧。

点燃纸筒后，燃烧产生的浓烟会从纸筒下方流出，在杯子中形成"浓烟瀑布"。 **7**

当纸筒全部燃烧完后，将杯子内的浓烟倒向桌面。

我们平时见到的烟大多往天上飘，为什么这个烟向低处流呢？

因为那些烟的密度比空气小，所以向上飘。

燃烧前　空气

点燃

燃烧后　烟　空气

科学实验百科全书

空气

烟雾

9 纸筒燃烧后，产生了烟，烟中不仅有气体，还混有一些未完全燃烧的微小颗粒，这些颗粒比空气重。玻璃杯的狭小空间空气很少，所以烟就像瀑布一样流了下来。

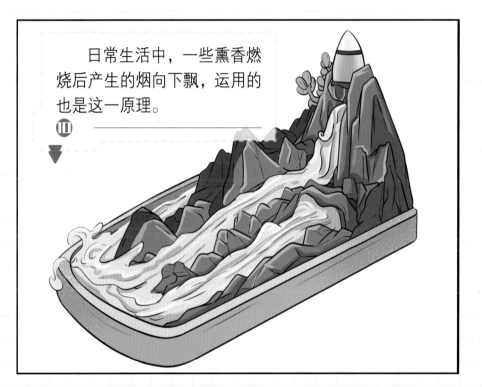

日常生活中，一些熏香燃烧后产生的烟向下飘，运用的也是这一原理。

10

实验结论：

　　小朋友在夏天吃雪糕时，可以观察一下，雪糕上冒出的冷气是往上飘，还是往下飘呢？

液体的扩散

实验名称：冷水和热水的混合实验

实验材料： 2个玻璃杯、2瓶不同颜色的食用色素、几块玻璃板。

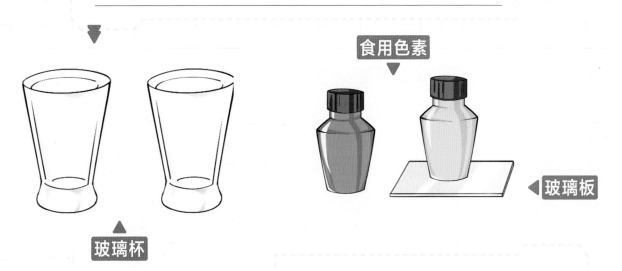

食用色素

玻璃板

玻璃杯

实验步骤：

请小朋友在家长的帮助下进行实验。

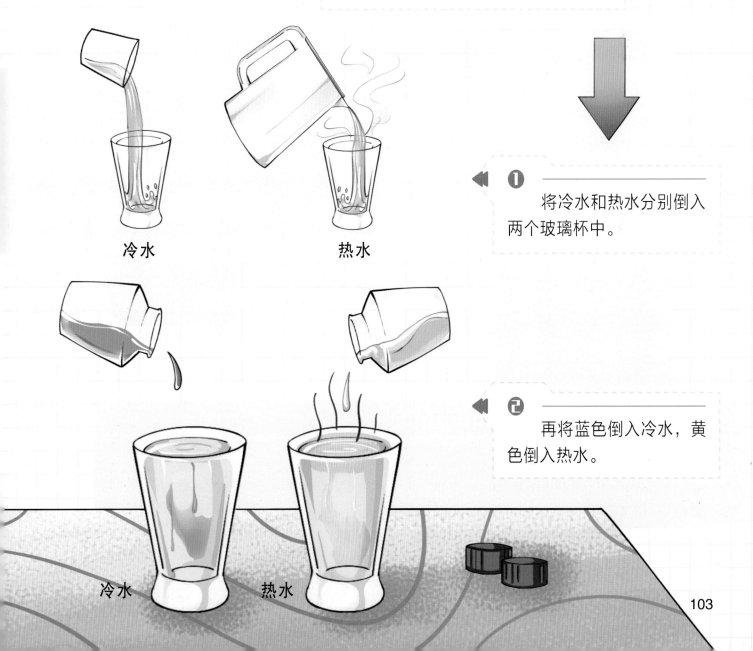

冷水

热水

① 将冷水和热水分别倒入两个玻璃杯中。

② 再将蓝色倒入冷水，黄色倒入热水。

冷水

热水

然后，用玻璃板盖住热水的杯口，确保杯子倒放后水不会流出。

3

热水

冷水

4

再将热水杯慢慢倒扣在冷水杯的上方。注意，两个杯子的杯口要对齐，这样水才不会溢出来。

小茉，你把中间的玻璃板抽出来吧。

5 ▶▶

玻璃板抽出后，热水漂浮在冷水上方，有很少一部分融到冷水里面。

热水

冷水

实验结论：

通过这个实验，我们看到了液体之间的扩散现象。由于热水的密度小于冷水的密度，所以当热水在冷水上方时，热水扩散得慢，二者出现了明显的分界。当冷水位于热水上方时，冷水扩散得快，二者很快混合。

跳起来的瓶盖

❶ 构成物体的所有分子，其热运动的动能与分子热能的总和，叫做物体的内能。内能的单位是焦耳，用符号 J 表示。

❷ 足球场上，小朋友们正在踢足球。此时，处于运动状态的足球具有内能。

科学实验百科全书

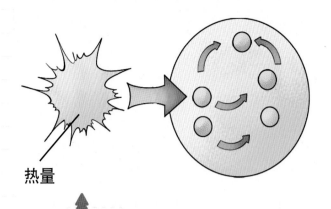
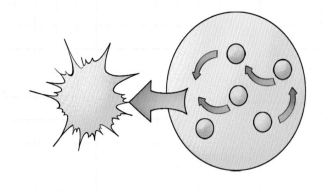

热量

热量的传递可以改变物体的内能。当物体吸收热量时，内能增加；当物体释放热量时，内能减少。

4 冬天，人们将暖宝宝贴在衣服上取暖。过一段时间后，身体暖和起来了。

发烧时，人们通常会用冷毛巾覆盖在额头上。过一会儿，额头的温度就下降了。 **5**

这些都是生活中常见的热传递改变物体内能的例子。

实验名称：瓶盖"发射"实验

实验材料： 1个有盖子的空矿泉水瓶。

实验步骤：

先将矿泉水瓶的瓶盖拧紧。❶

再向瓶子的中间部分发力，将瓶子拧成麻花状。❷

鹏鹏，现在我们来把瓶盖慢慢拧开。

拧瓶盖的时候，要站在瓶子侧方，不要站在前方。

好的。

哇，好大的力量，如果被瓶盖撞到一定很痛！

爸爸上前拧瓶盖，在即将拧下瓶盖的时候，瓶盖突然被"喷"了出去。❸

科学实验百科全书

实验结论:

　　在生活中还有许多热传递改变物体内能的例子，比如烧开水等。想一想，你还能找到其他例子吗？

内能的利用

内能可以做功，人类发明的热机就是将内能转化为机械能的一类机械，使人类进入了工业化社会。

2

热机的种类有很多，比如蒸汽机、内燃机等。常见的内燃机分为汽油机和柴油机两大类，道路上行驶的汽车大多使用汽油机。

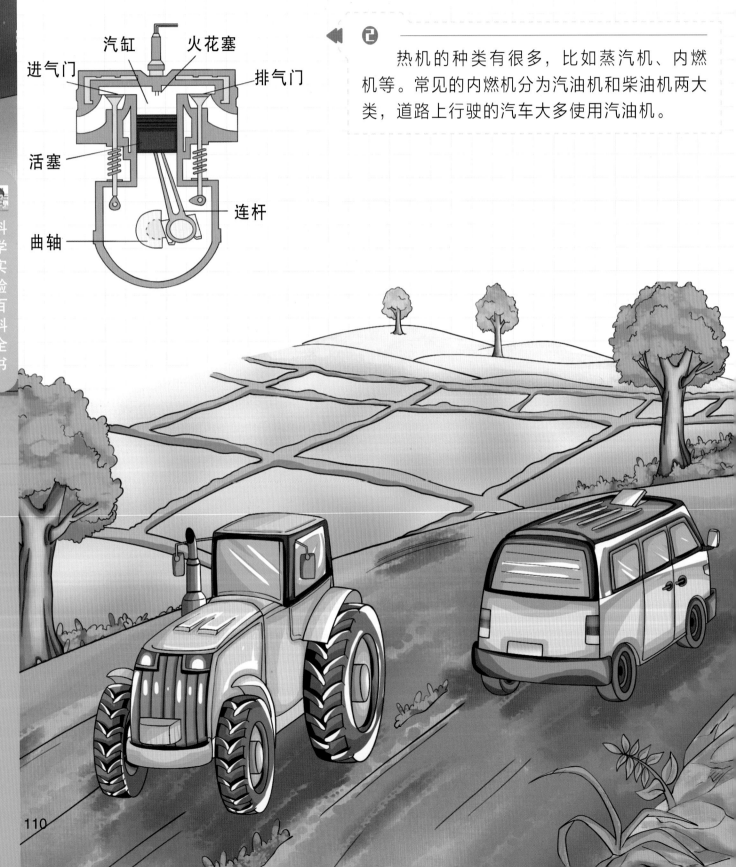

汽缸　火花塞

进气门　　　　　　排气门

活塞

连杆

曲轴

实验名称：了解蒸汽机的工作原理

实验材料： 细绳、钻孔器、两根蜡烛、1个滴管、1个杯子、点火器、适量水、1个易拉罐汽水、支架。

细绳 ▶ 钻孔器 ▶ 滴管 ▶ 杯子 ◀ 易拉罐 ▶ 支架 ▲

水 ▲ 蜡烛 ▶ 点火器 ▲

实验步骤：

① 在家长的帮助下，在靠近易拉罐汽水顶部的位置用钻孔器钻一个小孔，然后在对侧钻一个大小相近的孔，将罐内的饮料通过小孔倒入杯子内。

② 用滴管吸取清水，从小孔处注入易拉罐内。

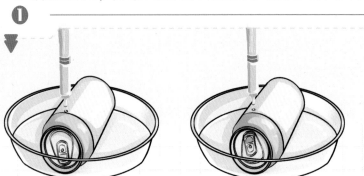

③ 把细绳的一端系在易拉罐的拉环上，另一端系在支架上，把蜡烛放在易拉罐下方。

④ 请家长帮忙用点火器点燃蜡烛。

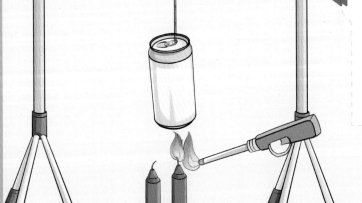

哇，罐子转起来了！

⑤ 观察易拉罐的变化。

燃烧的蜡烛将罐子里面的水加热后，水变成了蒸汽，从小孔里钻出来了。

好厉害！

⑥ 水加热后产生蒸汽，蒸汽的内能转化为机械能，使易拉罐旋转起来。

实验结论：

思考一下，实验中为什么要给易拉罐钻两个孔，而不是一个孔？如果只钻一个孔会发生什么现象呢？

神奇的物质

物质是构成宇宙间一切物体的实物和场。世界上所有的实体都是物质，人体也是物质。除此之外，光、电磁场等也是物质，它们以场的形式存在。从物质的全新的视角重新审视身边的每一样东西，摘下物质表象的面具，探寻其背后的奇妙。

什么是物质

什么是物质？简单地说，你看到的一切都是物质。天空中的星星、月亮，脚下的土地，植物与昆虫等，都是由物质组成的。

物质的种类多种多样，物质的性质千差万别。

如果你想了解物质，首先要知道它们的质量、密度与体积。

质量是指物体中物质的数量。在地球上，物体的质量越大，重力越大。

50g   10g

密度是指物质单位体积的质量。比如，质量相同的铁与棉花，铁的密度大于棉花。

体积是指物体占据空间的大小。装满氢气和装满水的气球，它们的体积可能一样大。

对比体积差不多大的氢气球和水气球，水气球质量大得多，密度也大。

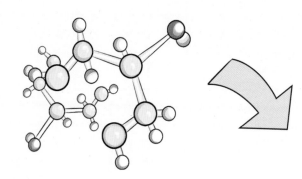

5 物质是由什么构成的呢？有些物质由分子构成，而分子又是由原子构成，原子则是由原子核与电子构成。

6 物质的状态有三种：固态、液态和气态。固态的物质具有固定的形状，气态的物质没有形状，而液态的物质为自由形状。

构成物质的元素分为两种：金属元素和非金属元素。

7 大到宇宙飞船，小到玩具上的一个螺丝，都是由各种各样的物质组成的。

实验结论：

在物质中，金属是很重要的一类。在常温下，铁、铝、铜等大多数金属都是固体，除了汞是液体。

物质的热胀冷缩

❶ 炎炎夏日里，爸爸和鹏鹏走在回家的路上。走着走着，鹏鹏被什么东西绊了一下，幸亏爸爸拉住了他，才没有摔倒。

❷ 鹏鹏惊讶地发现面前平直的路面竟然微微向上拱起。

实验名称：观察气球的热胀冷缩

实验材料：

2个水杯、玻璃瓶、吸管、气球、橡皮筋、带孔瓶塞。

水杯 ▶

带孔瓶塞

气球 ◀   吸管 ▶   玻璃瓶 ▶

▲ 橡皮筋

实验步骤：

❶
将吸管放到气球口里，用橡皮筋束紧。

❷ ▶
将带孔瓶塞塞入玻璃瓶。

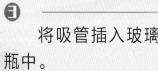

◀ ❸
将吸管插入玻璃瓶中。

热水

在两个水杯中分别倒入冷水和热水。将玻璃瓶浸入热水中，这时气球会慢慢地膨胀起来。

④

⑤

接下来，再将玻璃瓶放入冷水中。我们会看到，膨胀的气球变瘪了。

冷水

通过这个实验，我们可以直观地了解热胀冷缩现象。物体受热会膨胀，遇冷就会收缩。

真是太神奇了！

实验结论：

　　热胀冷缩的根本原因是物体内部的原子运动受到温度的影响而发生改变。温度上升时，原子振动幅度变大，使物体膨胀；温度下降时，原子振动幅度变小，使物体收缩。

一天，爸爸决定给鹏鹏变一个小魔术。

实验名称：被油困住的冰块

实验材料：

玻璃杯、冰块、食用油。

食用油

玻璃杯

冰块

材料准备好了，我们的小魔术就要开始了。

125

实验步骤：

① 首先，在玻璃杯中倒入半杯水。

② 再倒入食用油。随着油的加入，水和油在玻璃杯中出现了分层现象。

一起看看会发生什么吧！

③ 接下来，我们放入准备好的冰块。

可以看到，冰块放入玻璃杯后，一直停留在油层。

④

用筷子将冰块向下压，等筷子拿开后，冰块回到了水和油的夹层之间。

⑤

这个魔术太好玩了！

⑥ 无论重复下压冰块多少次，它都会停留在水油夹层之间。

实验结论：

　　物质的密度越大，单位体积的质量也就越大。水的密度在三种物质中最大，而油的密度最小，冰块的密度介于油和水之间。所以，冰块会浮在油与水之间。

多么『善变』的水啊

小茉放学回到家就迫不及待地和妈妈分享自己在学校的日常。

妈妈，我今天在学校学到了好多东西！

你都学到了什么啊？

今天，老师给我们讲了物质的状态！

那你说说，物质都有什么状态啊？

物质有……有固态、液态，还有……气态！

妈妈见小茉掌握得并不熟练，决定通过一个实验，帮助小茉更好地理解物质的三种形态。

是不是不好理解？

嗯，有点难懂。

实验名称：水的三态变化

实验材料：

热水、冰块、玻璃杯、1 张深色卡纸、锡纸盘。

玻璃杯

热水

冰块

深色卡纸

锡纸盘

实验步骤：

将热水倒入玻璃杯中，将卡纸放在杯子后方，借助深色卡纸我们可以看到，水蒸气从杯口升起。❶

接下来，将干燥的锡纸盘放在玻璃杯口，把冰块放在锡纸盘上，等待 5 分钟。❷

5 分钟后，拿掉锡纸盘中的冰块，我们会看到原本干燥的锡纸盘上有很多水。❸

云和水蒸气

雪山

水汽运输

降雨

蒸发

④ ▶▶ 通过这个实验，我们可以看到水的三种形态，即固态（冰块）、气态（水蒸气）、液态（水）。

热水杯中水蒸气升起，是液态向气态转化；水结成冰，是液态向固态转化；冰块融化成水，是固态向液态转化。

⑤ ▼

径流

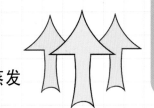

这个实验让我们直观地看到物质的三态转化。小茉，你记住了吗？

嗯，记住了！固态、液态和气态！

实验结论：

　　气态、液态与固态是物质的三种常规状态，固态、液态和气态之间会发生相互转化。

物质的化学变化

妈妈，什么是化学变化?
化学变化是指物质通过化学反应，产生了新的物质。
听起来很复杂。
我们做个小实验，看看新物质的产生吧！

实验名称："法老之蛇"实验

玻璃容器

水

白砂糖

小苏打

酒精

沙子

实验材料：

白砂糖、小苏打、酒精、玻璃容器、沙子、水。

实验步骤：

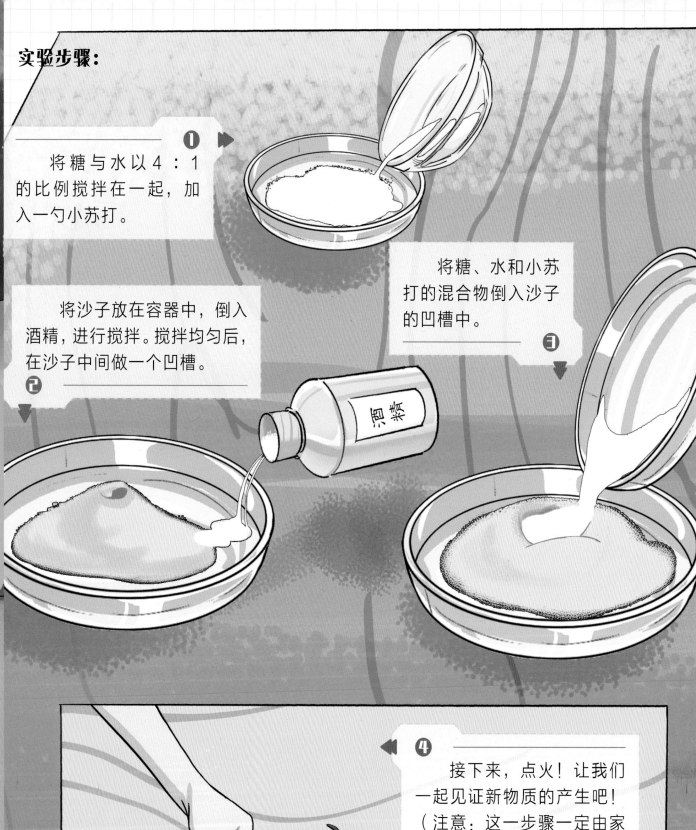

❶ ➤ 将糖与水以 4：1 的比例搅拌在一起，加入一勺小苏打。

将沙子放在容器中，倒入酒精，进行搅拌。搅拌均匀后，在沙子中间做一个凹槽。❷

将糖、水和小苏打的混合物倒入沙子的凹槽中。❸

酒精

◀ ❹ 接下来，点火！让我们一起见证新物质的产生吧！（注意：这一步骤一定由家长来操作。）

科学实验百科全书

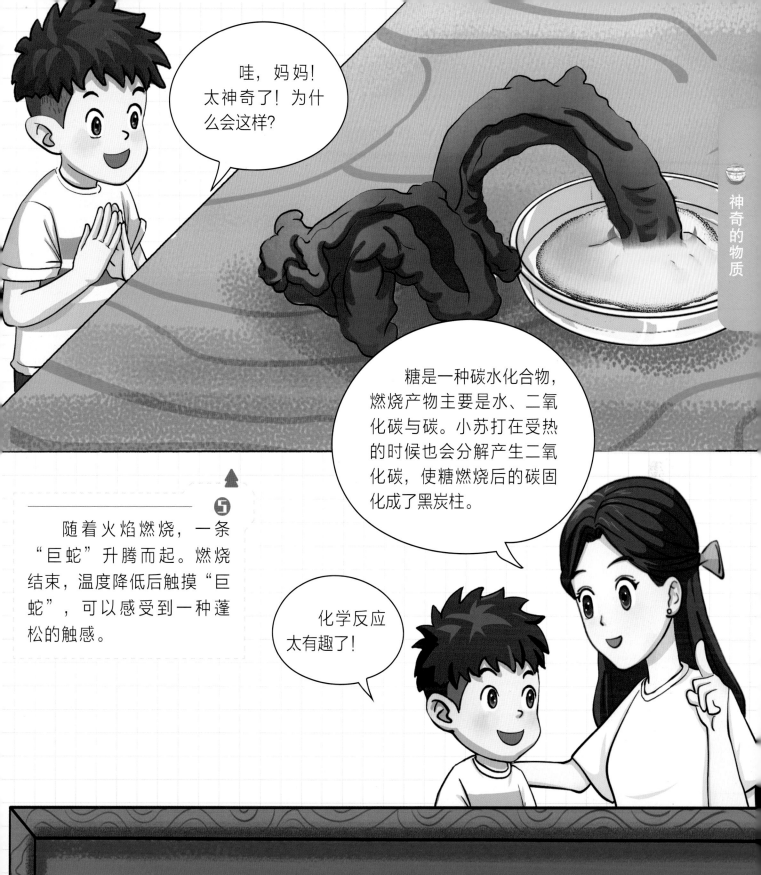

哇，妈妈！太神奇了！为什么会这样？

糖是一种碳水化合物，燃烧产物主要是水、二氧化碳与碳。小苏打在受热的时候也会分解产生二氧化碳，使糖燃烧后的碳固化成了黑炭柱。

随着火焰燃烧，一条"巨蛇"升腾而起。燃烧结束，温度降低后触摸"巨蛇"，可以感受到一种蓬松的触感。

化学反应太有趣了！

实验结论：

物质的反应分为物理反应和化学反应，化学反应最基本的特征就是有新物质产生。"法老之蛇"小实验就是一个化学实验。

什么是物质的变化

妈妈，你手里的杯子就是物质。

是的，还有什么是物质呢？

❶ 一天，小茉写完作业后，又开始和妈妈讨论起学到的新知识。

老师说万事万物都是物质，天空是物质，我也是物质。

小茉这么快就能理解物质的含义了？

是什么？

其实，我还是有些不理解的地方。

137

实验一名称：大象牙膏实验

实验材料：

双氧水、洗洁精、碘化钾、各种颜色的色素、瓶子、手套、护目镜。

      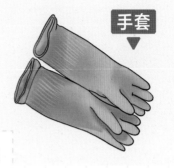 

实验步骤：

戴好护目镜和手套，将准备好的材料各取一部分倒入瓶子中，观察结果。（注意：这一步骤一定由家长来操作。）

❶

 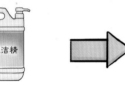  

瓶子中会产生大量的气体和泡沫，并释放热量。（注意：该实验最好在室外进行，避免发生危险。）

❷

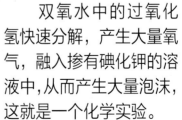

双氧水中的过氧化氢快速分解，产生大量氧气，融入掺有碘化钾的溶液中，从而产生大量泡沫，这就是一个化学实验。

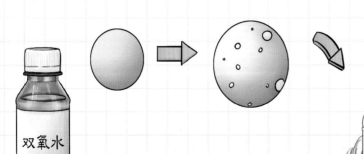

科学实验百科全书

实验二名称：点水成冰

实验材料：

醋酸钠晶体、醋酸钠溶液、托盘。

醋酸钠晶体 ▶  醋酸钠溶液 ▶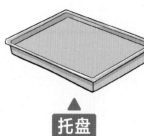

▲ 托盘

实验步骤：

▲ ❶ 在托盘中放一些醋酸钠晶体。

◀◀ ❷ 将醋酸钠溶液缓缓倒在醋酸钠晶体上，我们会看到一座"冰山"拔地而起。

❸ ▶▶ 常温的醋酸钠过饱和溶液处于不稳定的状态，加入一些醋酸钠晶体则使此状态失去平衡，产生结晶。这是一个物理实验。

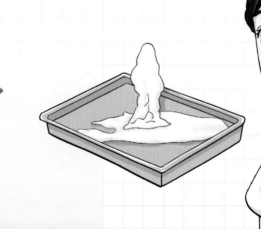

实验结论：

物质的物理变化与化学变化的区别在于是否产生新的物质。化学变化会产生新的物质，而物理变化则不会。

氧化与还原

　　氧化与还原是生活中常见的一种化学现象，瓜果、蔬菜不及时吃会被空气中的氧气氧化，汽车、铁器也会与空气中的氧气发生反应，就连我们的身体也在时刻发生氧化反应。人们有时会通过一些方法来阻止氧化的发生，在这个过程中，还原反应就是必不可少的了。

什么是氧化反应

1 氧元素（O）是地壳中最多的元素，它与很多物质都能够结合，生成氧化物。

2 氧元素与铁元素（Fe）结合，生成氧化铁（Fe_2O_3），
氧元素与铜元素（Cu）结合，生成氧化铜（CuO），
氧元素与钠元素（Na）结合，生成氧化钠（Na_2O），
氧元素与钙元素（Ca）结合，生成氧化钙（CaO）。
……

氧化物是如何形成的?

　　氧元素和其他物质通过化学反应,形成一种或几种新的物质,这个过程就是氧化反应,由此产生的新物质,就是氧化物。

　　比如,炭在燃烧的过程中,碳元素和空气中的氧元素发生反应,生成了新的物质——一氧化碳(CO)和二氧化碳(CO_2)。

在地球的地壳中，氧元素的含量为 48.6%。在我们的日常生活中，氧化反应时刻都在发生。

❹

咖啡在制作时也需要一定程度的氧化，才能使味道更香浓。

❻

咖啡机

酱油在制作时需要通过氧化反应使酱油的颜色更透亮。

❺

面包在制作时，需要充分的氧化，口感才会更加松软。

❼

面包机

酱油

糖　盐

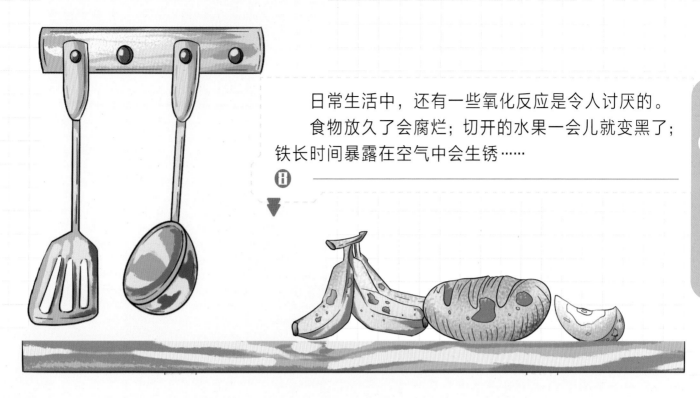

日常生活中，还有一些氧化反应是令人讨厌的。
食物放久了会腐烂；切开的水果一会儿就变黑了；
铁长时间暴露在空气中会生锈……

8

为了阻止这种氧化反应的发生，人们想了很多方法。
把食物装进密封袋中隔绝氧气；把切开的水果放进水里防止氧化；
在铁的表面镀一层不易被氧化的金属……

9

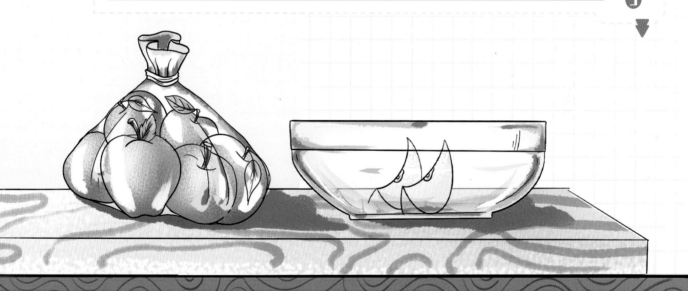

实验结论：

　　小朋友们，开动你聪明的大脑想一想，我们的日常生活中还有哪些氧化反应呢？一起来找一找吧！

书籍放久了会发黄

科学实验百科全书

哇！图书馆里的书好多啊！

嘘，鹏鹏，图书馆里不能这么大声说话！

对不起，爸爸。

没关系，我们去找要看的书吧。

①

周末，鹏鹏和爸爸来到了图书馆。

146

科学实验百科全书

为什么书籍放久了会发黄呢？

A 书籍的主要原料是木浆。

B 木浆中含有纤维素、半纤维素和木质素。

C 木质素很容易与氧气发生氧化反应，使书籍的纸张变黄。

D 另外，阳光的暴晒会加速氧化反应，从而加快纸张变黄的速度。

储藏室

有什么方法可以阻止书籍变黄吗?

N₂

当然有!

除了把书籍变成电子文件,减少翻阅带来的氧化反应以外,一些图书馆还会将比较珍贵的书籍用氮气(N₂)保存起来,防止其受到氧气的破坏。

实验结论:

与氧气相比,氮气是一种比较稳定的气体,不容易与其他物质发生反应,因此,氮气很适合用来保存珍贵的书籍和文物。

氮　氮

铁会生锈

实验名称：生锈的铁钉

实验材料：

8 颗铁钉、4 个小玻璃瓶、食用油、醋、食盐、水。

实验步骤：

食盐

水

食用油

玻璃瓶

醋

铁钉

倒入盐水

倒入油

1 用水溶解食盐。

2 在 4 个小玻璃瓶中分别倒入食用油、醋、水、盐水。

倒入醋

倒入水

3 将 8 颗铁钉分别放进 4 个小玻璃瓶中，每个玻璃瓶里放 2 颗。

科学实验百科全书

我们为什么要这么准备呢?

A 每个小玻璃瓶里面放 2 颗铁钉,便于观察每颗铁钉的状态,这样做出来的实验更具有代表性。

B 使用玻璃瓶是因为玻璃不容易和其他物质发生反应,并且可以更直观地观察铁钉的变化。

准备 4 种液体是要对比不同液体中铁钉的状态,提高实验的准确性。

C

▲ 水　　　　▲ 盐水　　　　▲ 醋　　　　▲ 食用油

151

水 ▶　　盐水 ▶　　◀ 醋　　◀ 食用油

❹ 放置一天后，我们再来观察 4 个小玻璃瓶中铁钉的生锈情况。

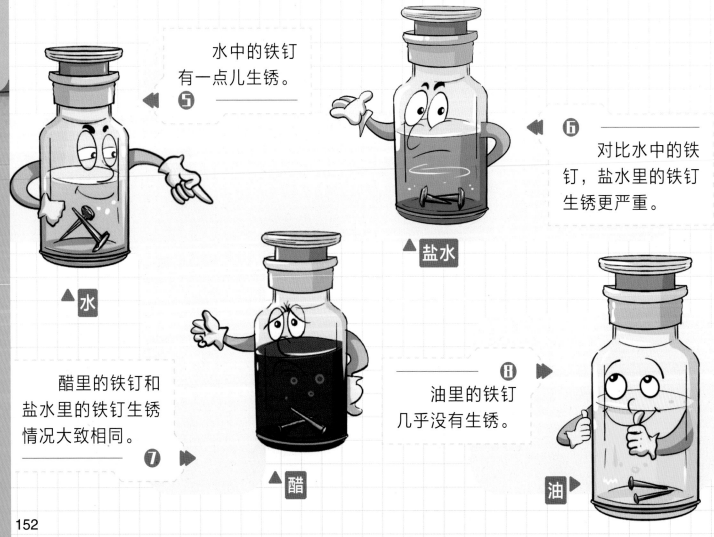

水中的铁钉有一点儿生锈。 ◀ ❺

❻ 对比水中的铁钉，盐水里的铁钉生锈更严重。

▲ 盐水

▲ 水

醋里的铁钉和盐水里的铁钉生锈情况大致相同。 ❼ ▶

油里的铁钉几乎没有生锈。 ❽ ▶

▲ 醋

油 ▶

科学实验百科全书

醋

盐水

水

油

⑩ 通过实验我们可以知道，铁在水、盐水和醋中很容易生锈，而在油中却不容易生锈。

⑨ 由于盐水里含有氯化钠，氯离子与钠离子作为电解质加速了铁的锈蚀。醋中的醋酸能直接与铁反应，铁的锈蚀速度更快。水中因为含氧量较低，与铁反应的速度相对较慢。

氧化亚铁　　四氧化三铁　　氧化铁

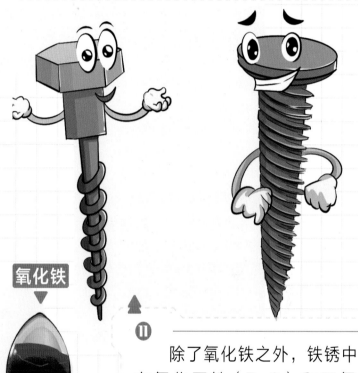

⑪ 除了氧化铁之外，铁锈中还有氧化亚铁（FeO）和四氧化三铁（Fe_3O_4）。

实验结论：

　　我们的生活中有很多铁制品，如水壶、炒勺、门窗、汽车，在潮湿的空气中都很容易被氧化，产生铁锈。但铁在干燥的空气中却不容易产生铁锈，所以，我们要尽量让铁制品处于干燥的环境中，延长铁的使用寿命。

神奇的维生素 C

水

塑料瓶

实验名称:"可乐"变"雪碧"

实验材料:

1 杯水、适量碘伏、
10 粒维生素 C 片、1 个
塑料瓶。

碘伏

维生素 C 片

维生素 C

实验步骤:

水

碘伏

先把水倒进塑料瓶中,但不要倒太满。

❶

在水中加入适量碘伏,就
兑出了一瓶"可乐"。

❷

小贴士:我们兑出的"可乐"
不是真的可乐,千万不要喝!

在装有"可乐"的瓶中加入10粒维生素C片。

用力摇晃塑料瓶，直至瓶内的物质充分混合。

维生素C片

静置后会发现，瓶中的"可乐"变成了清澈的"雪碧"。

6 ▶ 这是因为碘伏中含有单质碘（I_2），在碘伏中呈褐色。

维生素 C 的还原性很强，与碘伏中的单质碘相遇会发生还原反应，将单质碘（I_2）还原成没有颜色的碘离子（I^-）。 7

8 ▶ 所以，在碘溶液中加入维生素 C 片，充分混合后，"可乐"就会变"雪碧"。

实验结论：

维生素 C 是一种非常神奇的物质，它能够阻止氧化反应的发生。所以，我们要经常吃一些富含维生素 C 的食物，才能让身体更加健康。

氧化还原指示剂

1个锥形瓶、10克葡萄糖粉末、10克氢氧化钠粉末（火碱）、适量水、2只烧杯、适量靛蓝胭脂红。

实验名称：摇出化学"红绿灯"

实验材料：

 锥形瓶

 氢氧化钠粉末

 葡萄糖粉末

水  烧杯

 靛蓝胭脂红

实验步骤：

❶ 在锥形瓶中放入适量靛蓝胭脂红，并倒入水，将其溶化。此时的溶液呈深蓝色，是靛蓝胭脂红本身的颜色。

❷ 在一个烧杯中加入适量葡萄糖粉末，加水溶化。葡萄糖溶液是无色的。

❸ 随后，将葡萄糖溶液倒入装有靛蓝胭脂红溶液的锥形瓶中。此时锥形瓶中溶液的颜色依然是深蓝色。

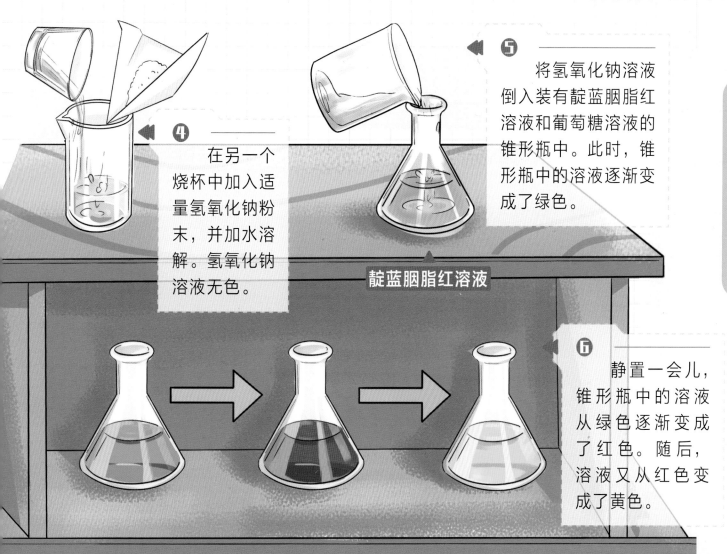

⑤ 将氢氧化钠溶液倒入装有靛蓝胭脂红溶液和葡萄糖溶液的锥形瓶中。此时，锥形瓶中的溶液逐渐变成了绿色。

④ 在另一个烧杯中加入适量氢氧化钠粉末，并加水溶解。氢氧化钠溶液无色。

靛蓝胭脂红溶液

⑥ 静置一会儿，锥形瓶中的溶液从绿色逐渐变成了红色。随后，溶液又从红色变成了黄色。

继续摇晃，液体从红色变回了绿色。

⑧

⑦ 拿起锥形瓶摇晃，锥形瓶中的液体从黄色变成了红色。

这个小实验非常神奇，是什么原理呢?

❾ 其实，靛蓝胭脂红在这个实验中是一种氧化还原指示剂。它可以在不同的氧化还原状态下呈现出不同的颜色。

靛蓝胭脂红溶液 ◀ 葡萄糖溶液 ◀ 氢氧化钠溶液 →

❿ 当靛蓝胭脂红溶液、葡萄糖溶液、氢氧化钠溶液三者混合时，氧化程度最高，所以溶液变成了绿色。

⓫ ▶▶ 静置一会儿后，溶液中的葡萄糖开始起到还原作用，使溶液变成了红色。

还原得差不多了，溶液就变成了黄色。⑫ ▶▶

摇晃锥形瓶的时候，溶液与空气的接触面积增大，发生氧化反应，所以溶液又变成了绿色。⑬ ▼▼

实验结论：

这个小实验是不是很像生活中常见的红绿灯？快去做给小伙伴们看一看吧！

还原的妙用

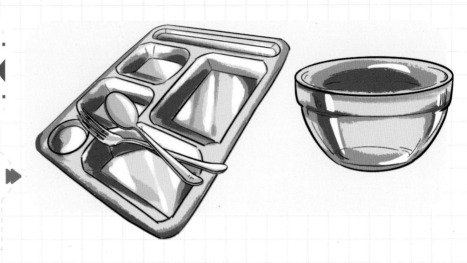

① ▶▶ 生活中，我们可以利用还原反应防止铁制品生锈。

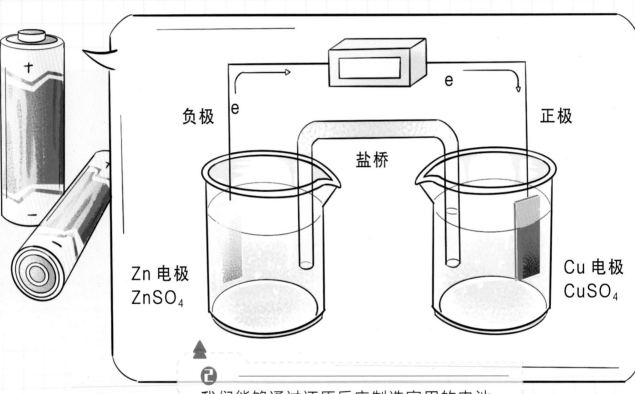

负极 e   e 正极

盐桥

Zn 电极
ZnSO₄

Cu 电极
CuSO₄

▲ ② 我们能够通过还原反应制造家用的电池。

③ ▶▶ 还能够运用还原反应生产化肥。

化肥

④ ◀ 我们每天用的自来水，也需要通过还原反应进行消毒。

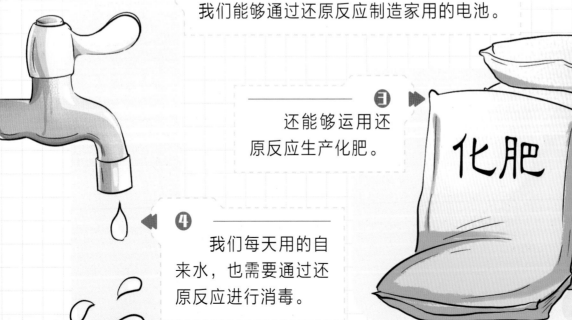

科学实验百科全书

在自来水厂，工人们通过给自来水加入氯气（Cl₂）进行消毒。

其实，氯气本身不能对水源进行消毒，但它会与水发生反应，生成次氯酸（HClO）和盐酸（HCl）。

❼ 具有消毒作用的物质是次氯酸，它能够分解水中的微生物。

❽ 但是，次氯酸会有刺激性气味。

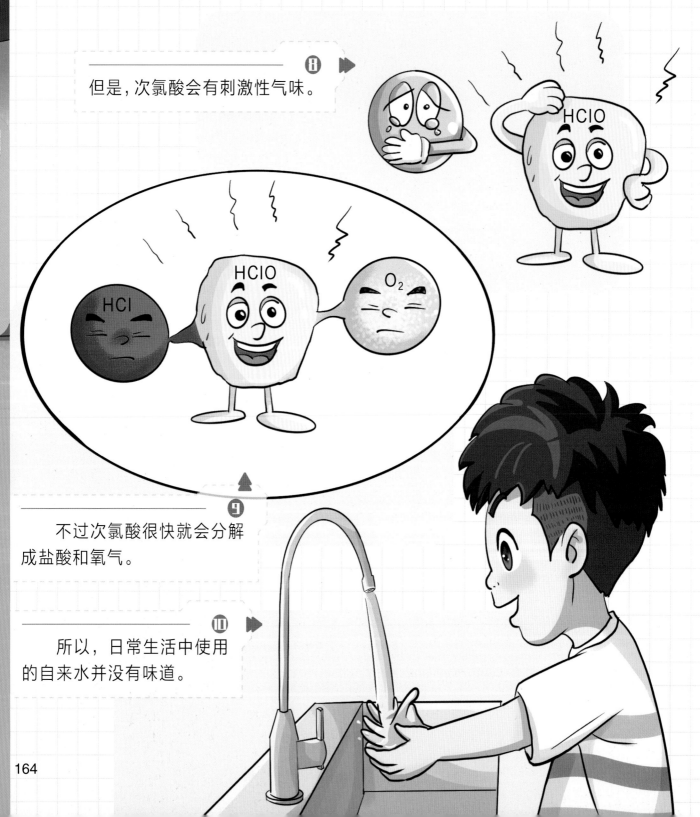

❾ 不过次氯酸很快就会分解成盐酸和氧气。

❿ 所以，日常生活中使用的自来水并没有味道。

科学实验百科全书

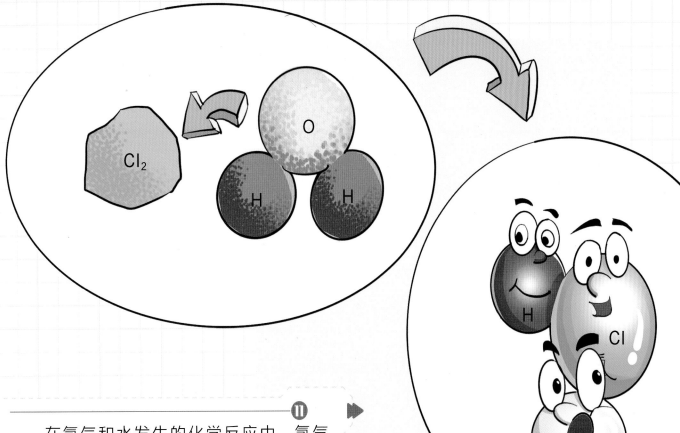

① 在氯气和水发生的化学反应中，氯气（Cl_2）得到了水（H_2O）中的氧，变成了次氯酸（$HClO$），发生了氧化还原反应。

② 当次氯酸（$HClO$）分解成盐酸（HCl）和氧气（O_2）的时候，发生的仍然是氧化还原反应。

实验结论：

日常生活中用到的自来水需要经过很多工序才能被使用，来之不易，所以，我们一定要节约用水！

氧化与还原是「亲兄弟」

❶ 氧化与还原其实是一对"亲兄弟"。

❷ 在一个化学反应中，有氧化反应，就有还原反应。

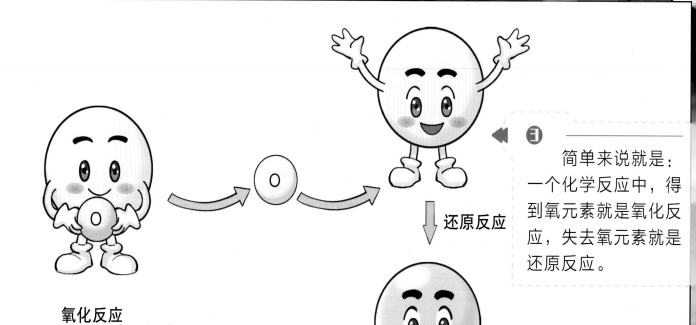

❸ 简单来说就是：一个化学反应中，得到氧元素就是氧化反应，失去氧元素就是还原反应。

还原反应

氧化反应

科学实验百科全书

氧化　还原

举一个比较简单的例子。 $CuO + H_2 = Cu + H_2O$
氧化铜（CuO）失去了氧元素（O），变成了单质铜（Cu），
所以氧化铜发生的是还原反应。
❹

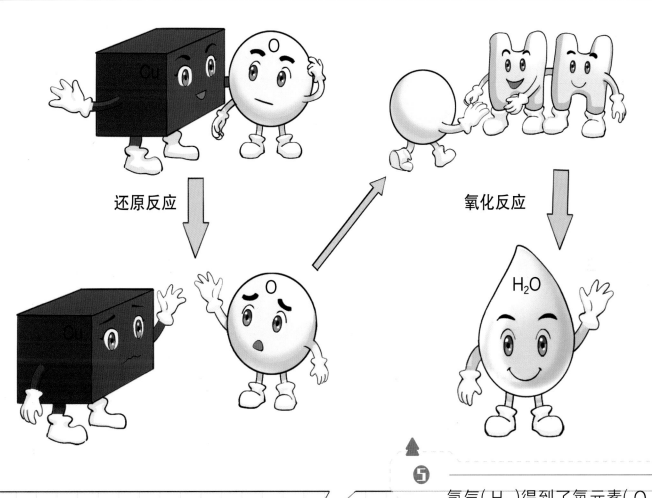

还原反应

氧化反应

H_2O

❺

氢气（H_2）得到了氧元素（O），
变成了水（H_2O），所以氢气发
生的是氧化反应。

（CuO）氧化铜

更简单一点，可以这样理解。鹏鹏代表顾客，顾客有钱，能够买气球（氧化剂能够得到电子）。

6

小茉代表商家，有气球可以售卖（还原剂能够失去电子）。

7

鹏鹏找小茉买气球，鹏鹏得到了气球，但失去了钱（氧化剂得到电子，化合价降低）；而小茉失去了气球，得到了钱（还原剂失去电子，化合价升高）。

8 ▶▶

气球代表电子。
钱代表化合价。

化合价　　电子

⑨

鹏鹏有了气球，就可以售卖，老顾客变成了新商家（氧化剂发生还原反应，变成还原产物）。

⑩▶▶

小茉有了钱，就可以买气球，老商家变成了新顾客（还原剂发生氧化反应，变成氧化产物）。

实验结论：

电子转移是氧化还原反应的本质，化合价升降是氧化还原反应的特征。

细胞世界

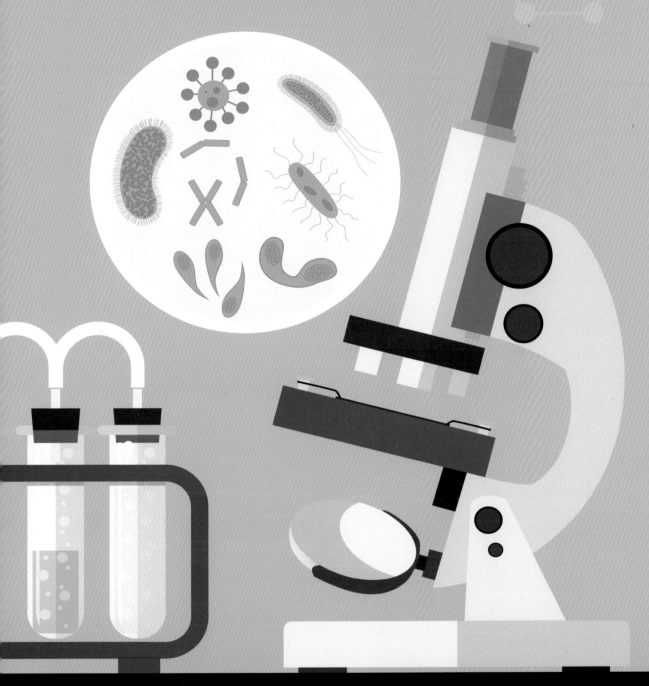

 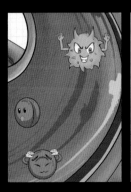 

　　细胞是生物体基本的结构和功能单位，已知除病毒之外的所有生物均由细胞所组成，但病毒生命活动也必须在细胞中才能体现。那么细胞家族有哪些成员？它们如何分裂和生长……就让我们带着问题翻开这章，揭开细胞世界的神奇奥秘吧。

生命的基石——细胞

1665 年，英国科学家罗伯特·胡克用他自制的光学显微镜观察软木塞的薄切片。

1

2 在显微镜下，他意外地发现，这个薄切片里面有很多紧密相连的小空格。

3 于是，他将这些小空格命名为"cell"，中文名为"细胞"。胡克因此成为历史上第一个发现细胞并为其命名的人。

细胞是生命活动的基本单位，无论是植物、动物，还是微生物（病毒除外），都是由细胞构成的。 ❹

有些生物的身体只有一个细胞，这是单细胞生物，比如草履虫；有些生物却由数千甚至数万亿个细胞构成，这是多细胞生物，比如作为人类的我们。 ❺

单细胞生物

眼虫　　变形虫　　衣藻　　草履虫

❻

　　大部分的细胞用肉眼是看不见的。那么，如何看清细胞的模样呢？光学显微镜为人们打开了观察微观世界的大门。

早期的光学显微镜

❼

　　20 世纪 30 年代，电子显微镜出现了，人们可以用它更清晰地观察细胞的结构，人类对微观世界的探索又前进了一大步。

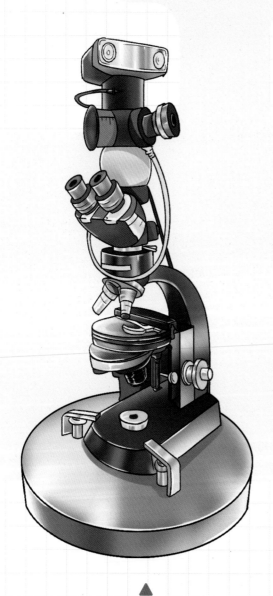

❽

　　生物学家通常用细胞直径的长短来表示细胞的大小。光学显微镜下最常用的单位是微米，电子显微镜下最常用的单位是纳米。

电子显微镜

实验名称：观察人血的永久涂片

实验材料： 人血的永久涂片、光学显微镜。

实验步骤：

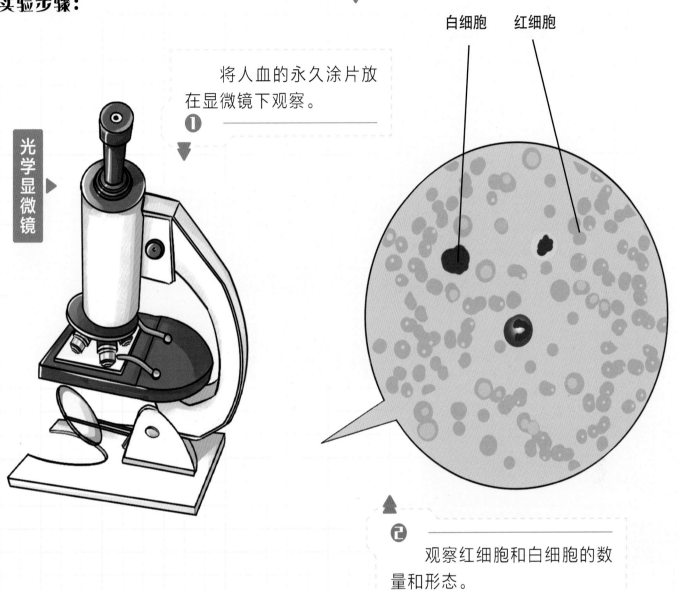

光学显微镜

将人血的永久涂片放在显微镜下观察。❶

白细胞　红细胞

❷ 观察红细胞和白细胞的数量和形态。

实验结论：

　　通过实验观察，你会发现血细胞里的红细胞比较多，呈两面凹的圆盘状，而白细胞的体积比较大，数量也比较少。

细胞家族

你喜欢吃清脆又爽口的黄瓜吗？想知道黄瓜的细胞是什么样吗？

实验一名称：观察黄瓜表皮果肉细胞

实验材料：

黄瓜、清水、小刀、滴管、载玻片、盖玻片、显微镜。

滴管

盖玻片

显微镜

黄瓜　　　小刀　　　清水　　　载玻片

实验步骤：

① 先在洁净的载玻片上滴一滴清水。

② 用小刀刮掉洗净的黄瓜表皮。

小刀锋利，注意安全！

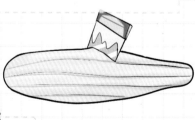

③ 将小刀清洗干净后，从黄瓜上轻轻地刮取少量黄瓜表层果肉。

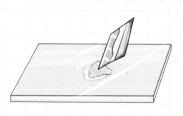

④ 然后将这些果肉涂抹在载玻片上的水滴中。

⑤ 盖上盖玻片，制成临时装片。

通过显微镜观察，可以看见黄瓜表层果肉细胞的结构，特别是叶绿体。

植物细胞的基本结构

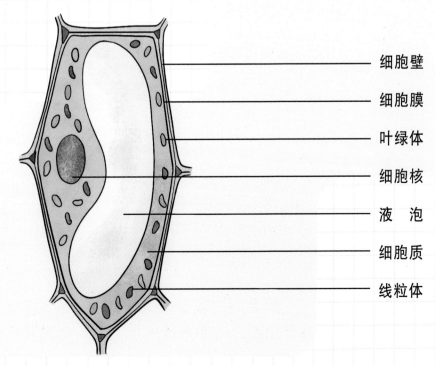

细胞壁

细胞膜

叶绿体

细胞核

液　泡

细胞质

线粒体

实验二名称：观察人的口腔上皮细胞

实验材料： 生理盐水、滴管、消毒牙签、镊子、稀碘液、吸水纸、盖玻片、载玻片、显微镜。

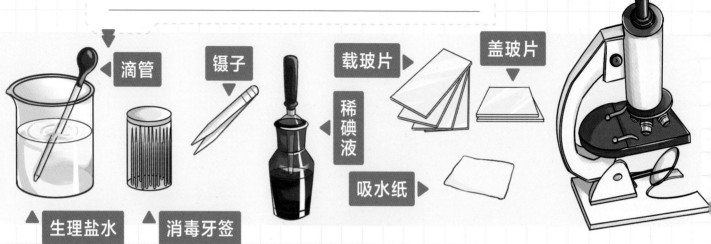

滴管　镊子　载玻片　稀碘液　盖玻片　显微镜　吸水纸　生理盐水　消毒牙签

实验步骤：

❶ 用滴管在干净的载玻片中央滴一滴生理盐水。

❷ 用消毒牙签在自己的口腔内侧轻刮几下。

❸ 把牙签上附有口腔黏液的一端放在载玻片上的生理盐水中，轻涂几下。

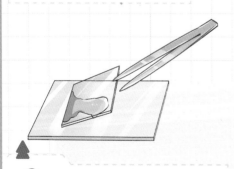

❹ 用镊子把盖玻片缓缓地盖在载玻片上，避免盖玻片下面出现气泡。

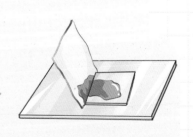

❺ 在盖玻片的一侧滴几滴稀碘液，用吸水纸在盖玻片的另一侧吸引，使稀碘液浸润标本的全部，制成临时装片。

通过显微镜观察，可以看见口腔上皮细胞的结构。

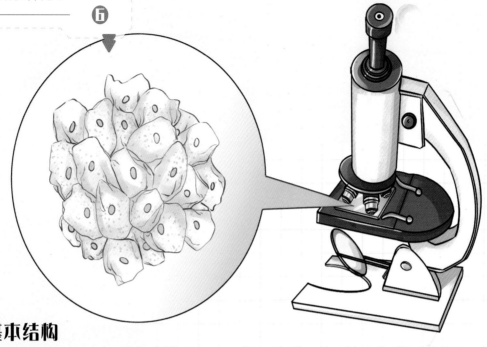

动物细胞的基本结构

细 胞 膜

细 胞 核

线 粒 体

高尔基体

细 胞 质

实验结论：

　　通过这两个实验，你会发现动物细胞和植物细胞都具有细胞膜、细胞质和细胞核。与植物细胞相比，动物细胞不具有细胞壁和叶绿体，通常也没有液泡。

细胞的分裂

哎呀，挠破的皮肤颜色都变深了。

妈妈，我把脸上被蚊子叮的地方挠破了。

会不会一直是这个颜色呀？

不会，过一段时间就会恢复如初。

这是为什么？

科学实验百科全书

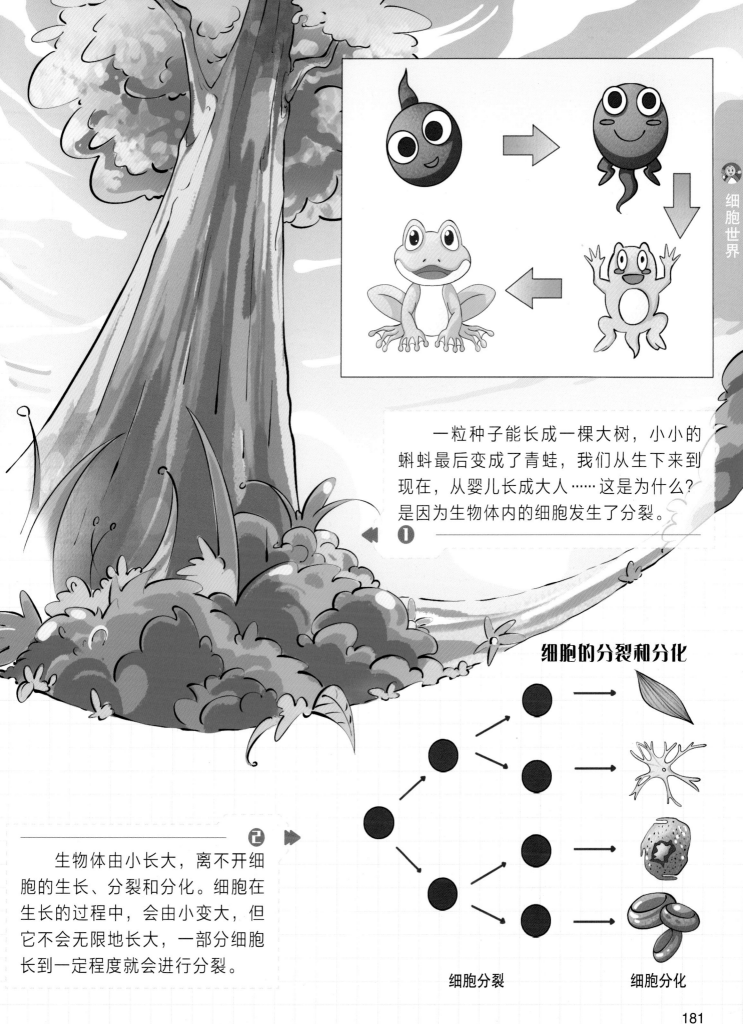

一粒种子能长成一棵大树，小小的蝌蚪最后变成了青蛙，我们从生下来到现在，从婴儿长成大人……这是为什么？是因为生物体内的细胞发生了分裂。

细胞的分裂和分化

生物体由小长大，离不开细胞的生长、分裂和分化。细胞在生长的过程中，会由小变大，但它不会无限地长大，一部分细胞长到一定程度就会进行分裂。

细胞分裂　　　　　细胞分化

细胞繁衍的主要形式是细胞分裂。通过分裂，细胞一分为二，由一个细胞变成两个较小的子细胞。子细胞逐渐长大，又继续分裂，变成两个新的子细胞，如此周而复始。

3

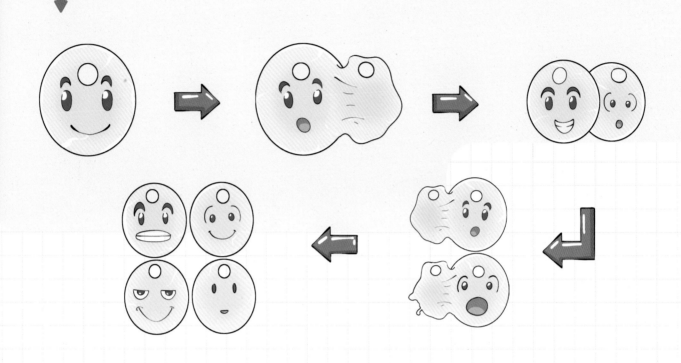

通过分裂，新的细胞不断产生。以人为例，一天中大约有数亿个新细胞产生。

4

细胞增殖是一个周期性的变化过程。细胞从一次分裂完成开始，到下一次分裂完成为止，为一个细胞周期。

5 ▶

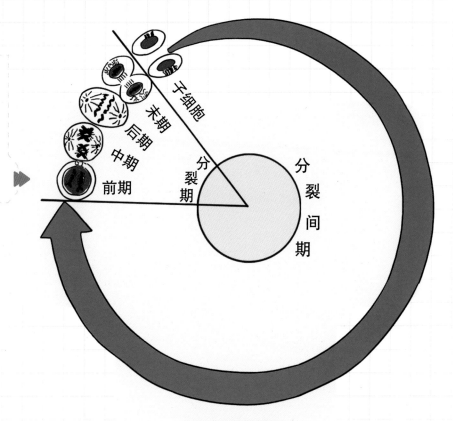

细胞的增殖周期

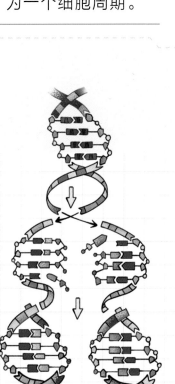

细胞在一个增殖周期中，要做好两件事：（1）DNA 的复制；（2）把复制好的 DNA 平均地分配到两个子细胞中。

◀ **6**

DNA 是遗传物质，这样的复制结果保证了新细胞和原来细胞所含的遗传物质相同。

7 ▶

实验结论：

小男孩被叮咬处的皮肤颜色会恢复如初，是因为细胞进行了分裂，原来的细胞被新细胞所代替。

正常细胞变为癌细胞的过程称为癌变，全球每年有数百万人因癌症而死亡。

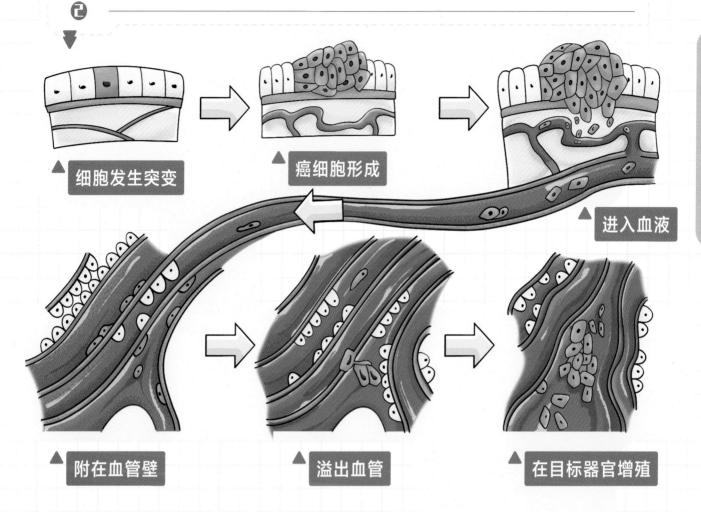

细胞发生突变 ➡ 癌细胞形成 ➡ 进入血液

附在血管壁 ➡ 溢出血管 ➡ 在目标器官增殖

3 癌细胞具有很强的分裂能力，大多数癌细胞一旦开始分裂，就像一匹脱缰的野马，进行快速分裂。

4 癌细胞还具有很强的"侵略性"，可以侵入邻近正常组织，伤害器官，威胁生命。

如果正常细胞受到某些致癌因素的影响或发生了突变，不能正常地进行细胞分化，细胞就会发生恶变。

⑤

正常细胞

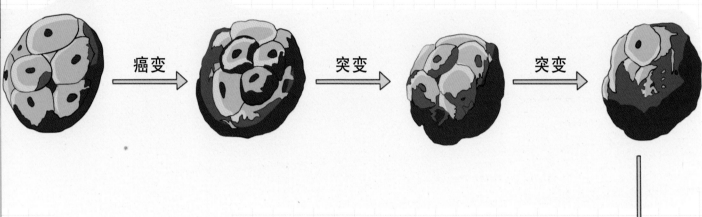

癌变 → 突变 → 突变 →

成癌前期

辅致癌剂 ←

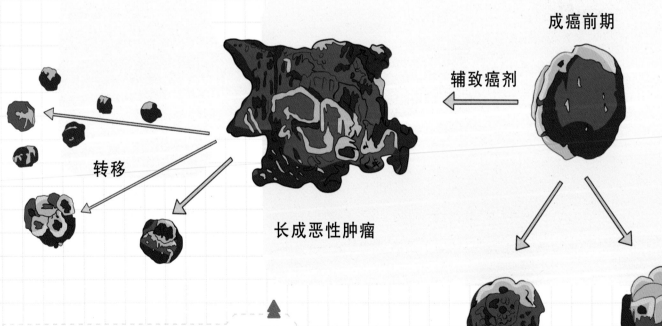

转移

长成恶性肿瘤

缓慢生长

退化

⑥

于是，细胞开始无限分裂，不断恶性增殖，就形成了癌细胞。

正常细胞在致癌因素的干扰下，很可能会变成癌细胞。目前，致癌因素主要分为三大类：化学致癌因素、物理致癌因素和病毒致癌因素。

❼

我们身边的化学致癌物有很多，比如一些腌制或烤制的食物、受潮变质的花生等。

❽ ▶▶

能使细胞发生癌变的病毒也是致癌因素之一，比如 Rous 肉瘤病毒。

❿ ▶▶

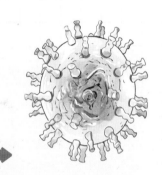

❾
物理致癌物有放射性物质发出的电离辐射、X 射线和紫外线等。

实验结论：

全世界的科学家们一直在对癌症进行深入的研究，希望在不久的将来，科学家们能攻克这一疯狂的顽症。

▶ 植物会呼吸吗 ◀

实验名称：观察植物叶片上的气孔

实验材料：

美人蕉叶片、盖玻片、载玻片、滴管、烧杯、清水、显微镜、透明指甲油、剪刀、镊子。

显微镜

美人蕉叶片

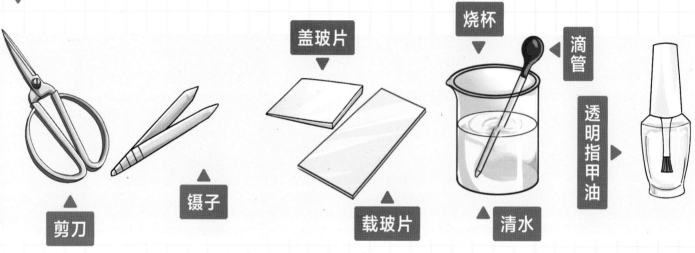

剪刀　　镊子

盖玻片　　载玻片

烧杯　　清水　　滴管

透明指甲油

实验步骤：

将美人蕉叶片洗净，用剪刀剪下小部分叶片，然后均匀地在剪下的叶片的下表皮涂抹一层指甲油。

❶

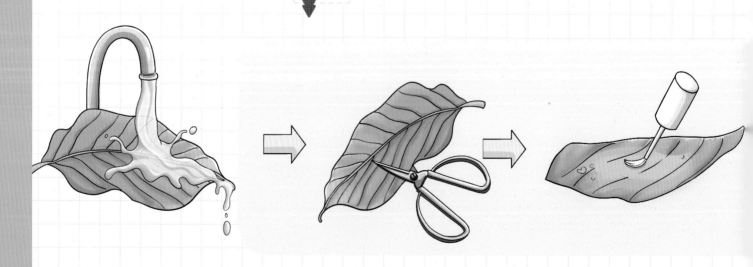

科学实验百科全书

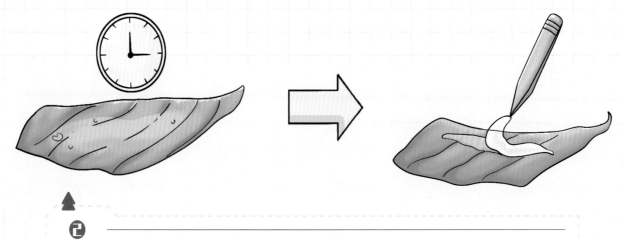

2 静置一会儿，待指甲油晾干后，用镊子撕取叶片表皮形成的薄膜。

展平

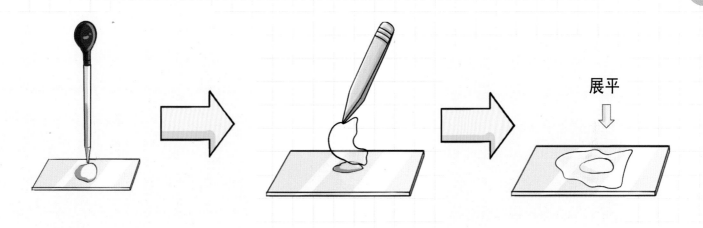

3 用滴管在载玻片上滴一滴清水，再用镊子将刚才撕取的薄膜置于水滴中，并慢慢展平。

将盖玻片盖在水滴上面，制成临时装片。用显微镜观察叶片上的气孔。

4

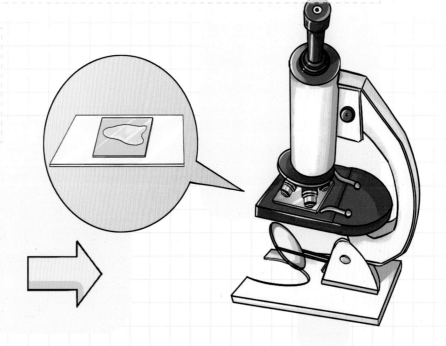

189

通过观察，你会发现叶片表面有一层紧密的细胞，在这些细胞之间，有一种中间有缝隙的椭圆形结构，有的张开，有的闭合，这就是气孔。

A ▶

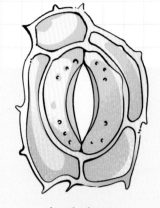
气孔张开

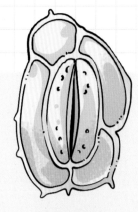
气孔闭合

叶片表面分布有气孔，气孔被一对半月形的细胞——保卫细胞包围，植物通过气孔与外界进行气体交换。

◀ B

当有阳光照射的时候，气孔就会慢慢张开，水分通过气孔散发出去，植物进行光合作用释放的氧气也通过气孔扩散到空气中。

C
▼

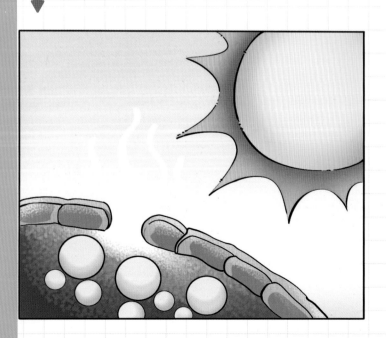

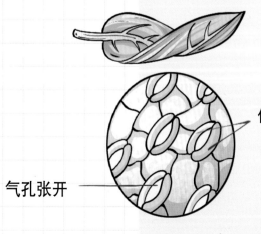

保卫细胞

气孔张开

当夜晚降临时，植物的气孔就会缩小或闭合，以免水分蒸发过多，蒸腾作用随之减弱。

D

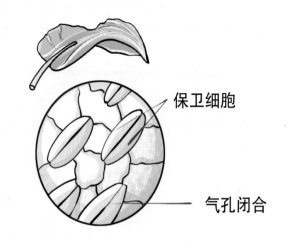

保卫细胞

气孔闭合

E

水分从活的植物体表面以水蒸气状态散失到大气中的过程，叫作蒸腾作用。

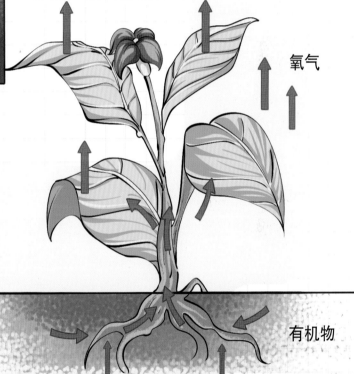

氧气

水

有机物

实验结论：

通过实验，我们知道植物细胞上有气孔，植物通过气孔与外界进行气体交换。气孔是植物蒸腾作用的"门户"，植物通过蒸腾作用，使水分和无机盐在体内运输。

不可小看的微生物

在我们生活的世界里，除了我们可以看见的生物，如花、鸟、鱼、虫外，还有一个微观世界——微生物的世界。
❶

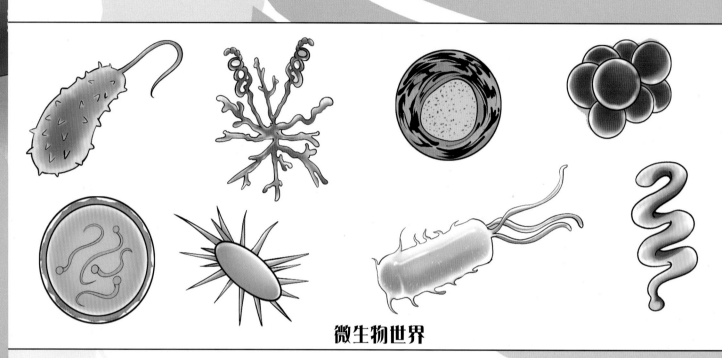

微生物世界

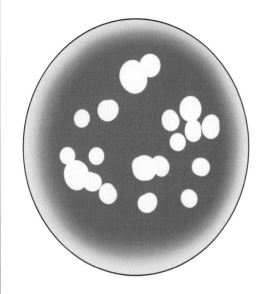
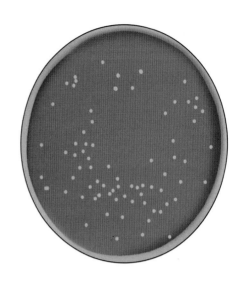

菌落

微生物无处不在，它们有的是单细胞个体，有的是多细胞个体。微生物包括细菌、真菌以及一些微小的原生生物。

单个或少数微生物细胞在适宜固体培养基表面或内部生长繁殖到一定程度，形成以母细胞为中心的一团肉眼可见的、有一定形态构造等特征的子细胞的集团。

生态系统的分解者——细菌

17 世纪时，荷兰人列文虎克用显微镜观察微观世界，发现了很多微小的生物，这就是细菌。

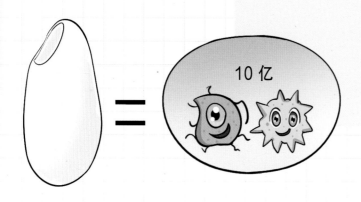

想象一下细菌的大小，一个米粒能装下约 10 亿个细菌，足见细菌的微小。

❸ ▶▶

细菌都是单细胞的，具有细胞壁、细胞膜、细胞质等结构，没有成形的细胞核。

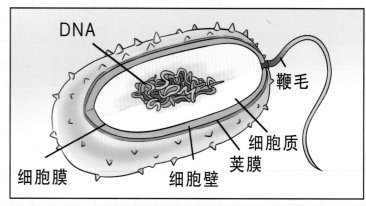

细菌结构示意图

DNA
鞭毛
细胞质
荚膜
细胞壁
细胞膜

细菌是生态系统的分解者，它们能分解垃圾与动植物的尸体，并将这些转化成氧气和肥料等有用的物质。

❹

❺ ▶▶

我们肠道里的细菌大部分是正常菌群，它们对我们的健康很有益处。

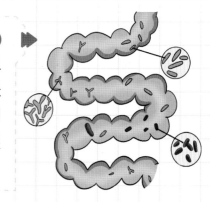

高级的真菌

① 与细菌相比，真菌要高级得多，它们具有细胞核。真菌中有多细胞个体，如青霉，还有单细胞个体，如曲霉菌。

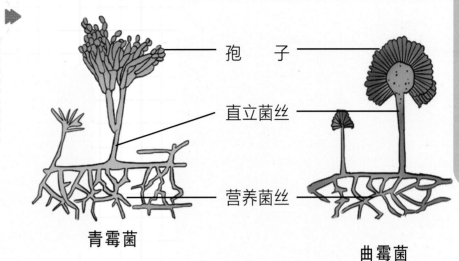

孢　子

直立菌丝

营养菌丝

青霉菌

曲霉菌

细胞世界

木耳

香菇

银耳

② 我们平时吃的香菇、木耳、银耳都是真菌，它们靠从外界获取养分来生长。

③ 真菌中的霉菌能使食物发霉，但有些真菌并不是有害的，反而被人类利用。比如，腐乳就是利用霉菌制成的；酵母菌既能做面包，也能酿酒。

腐乳

酒

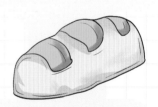

面包

实验结论：

想一想，生活中还有哪些现象与细菌或真菌息息相关？我们吃的馒头，家里的酱油、醋……这些都少不了细菌或真菌的贡献。

巴氏消毒奶的由来

巴氏鲜牛奶

① 巴氏消毒法是一种低温消毒方法，常用于消毒牛奶，这种方法是由法国科学家巴斯德发明的。

② 巴斯德是法国微生物学家，近代微生物学的奠基人，被后人称为"微生物学之父"。

❸ 19世纪中期，人们对细菌还不了解，不知道细菌从何而来。后来，法国科学家巴斯德设计了一个肉汤实验，证明了肉汤变质是由空气中的细菌造成的。

煮沸 　一年后→　肉汤澄清，没有细菌繁殖　→　打断瓶颈　一天后→　肉汤变浑

❹ 巴斯德用他的实验结果证明了细菌不是自然发生的，而是由原来已经存在的细菌产生的。

❺ 巴斯德还发现了乳酸菌和酵母菌，提出了巴氏消毒法，用于保存酒、牛奶、酱油等液态食品。

牛奶　　酱油　　酒

197

实验名称：巴氏消毒法

实验材料：

新鲜牛奶、玻璃杯、保鲜膜、水浴锅。

新鲜牛奶

玻璃杯

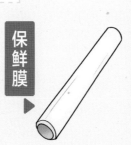
保鲜膜

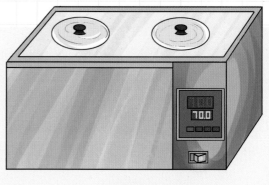
水浴锅

实验步骤：

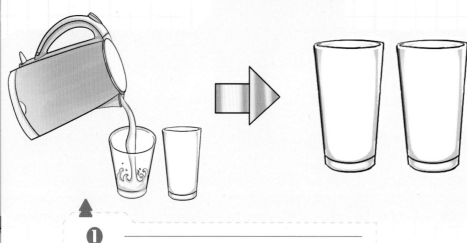

A　　　　　B

❶ 将两个玻璃杯洗净后用开水烫一下，自然晾干。

❷ 在两个玻璃杯中分别倒入等量的新鲜牛奶。

A

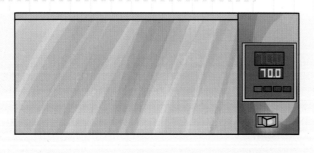

B

❸ 将 B 杯牛奶放进 70℃的水浴锅内保温 30 分钟，A 杯牛奶在室内自然放置。

❹ 之后，将两杯牛奶用保鲜膜密封好，放在常温中观察。

A

B

科学实验百科全书

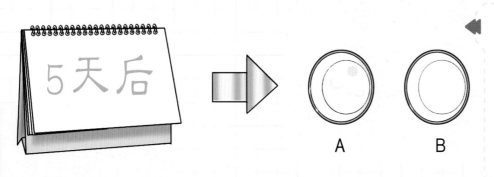

5 天后，可以发现未放入水浴锅的 A 杯牛奶有腐败的迹象，并发出酸味；B 杯牛奶仍有奶香味，没有腐败。

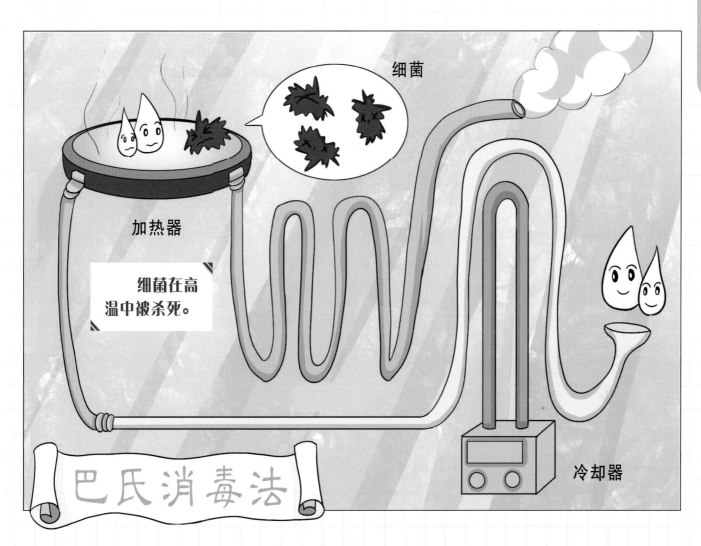

实验结论：

巴氏消毒法又称低温消毒法，常用来给奶制品杀菌消毒。低温保存的牛奶被最大程度地保留了牛奶中的营养成分，但要尽快食用完。

牛顿定律

力无处不在，运动永不停歇。飘荡的白云、飞翔的鸟儿、行驶的汽车……这些都是运动着的物体，也受到各种力的作用。人们根据相关的原理制造出了很多工具，就让我们一起来感受物体的运动和力的作用，从而重新认识身边的世界。

马路上奔驰的汽车、地上爬行的蚂蚁、树上飘下的落叶……这些都是正在运动的物体。❶

车是运动的！

蚂蚁们也在运动！

树叶也是运动的！

我们判断一个物体是否处于运动状态是需要有参照物的，一个小朋友踩着滑板从大树前面滑过，此时，以静止的大树为参照物，可以得出小朋友是在运动的。

运动有快有慢，这便是速度。

4 这里正在举行龟兔赛跑，参赛者们在起跑线上严阵以待。

5 兔子跑了一段，觉得乌龟一定赢不了自己，便在路边打起盹儿来。

6 乌龟努力奔跑，终于超过了在路边呼呼大睡的兔子。兔子睡醒后才知道自己输给了乌龟。

科学实验百科全书

实验名称：测量小车的运动速度

实验材料：

小木块、小车、硬纸板、钢尺、计时器。

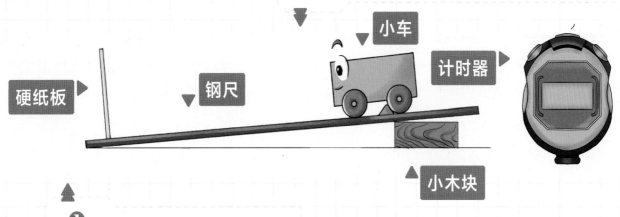

❶ 将实验材料摆放成上图形状。

实验步骤：

当我们松开小车时，小车顺着钢尺向下滑，通过钢尺我们可以看到小车滑行了多远，这便是小车滑行的距离，用字母 s 表示。

❷

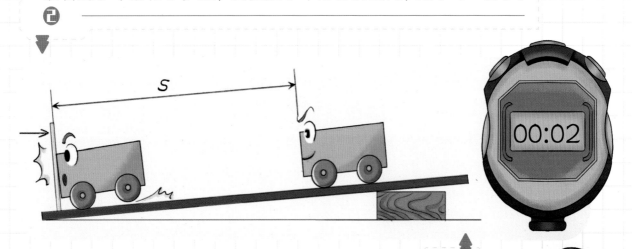

❸ 在松开小车的同时，按下计时器。当小车完成滑行时，停止计时。此时的时间就是小车完成滑行的时间，用字母 t 表示。

实验结论：

通常我们用字母 v 表示速度，速度等于距离（s）除以时间（t），即 $v=s/t$，这就是小车滑行的速度。

205

运动和静止

两辆高铁以相同的速度运行，旁边的高铁看起来像是静止不动的。其实，这只是相对静止。

我们的结论是以我们乘坐的这辆高铁为参照物，用来参考其他物体是否是运动的。

日常生活中，我们通常以地面为参照物，来观察地面上的物体是否在运动。

3

当我们坐在公园的椅子上时，天空飘过的云是运动的，天上飞的蝴蝶也是运动的。相对而言，树木是静止的，坐在椅子上的人也是静止的。

4

5

世界上的一切物体都处于运动中，完全静止的物体是不存在的。

如果没有任何力的作用，物体将总是保持静止状态或者匀速直线运动状态。物体运动时受到地球重力与空气阻力的双重影响。

❻ ──────────────

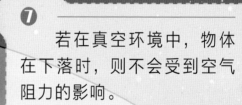

❼

若在真空环境中，物体在下落时，则不会受到空气阻力的影响。

实验名称：真空环境下物体的运动

实验材料： 1个两端可以封闭的玻璃管、1根羽毛、1块小铁片。

实验步骤：

玻璃管

牛顿定律

羽毛

小铁片

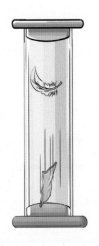

❶ 把羽毛和小铁片放入玻璃管中，将玻璃管竖立，观察羽毛和小铁片的下落情况。

❷ 抽出玻璃管内的所有空气，再将玻璃管竖立起来，观察羽毛和小铁片的下落情况。

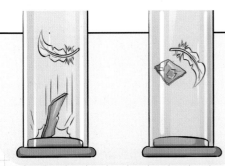

❸ 第一次将玻璃管竖立起来时，小铁片先落下；抽取空气后，羽毛和小铁片同时落下。

实验结论：

通常情况下，不同质量的物体从同一高度以相同的方式下落时，会受空气阻力和重力的影响，质量越大，重力加速度越大。真空状态下，不同质量的物体从同一高度以相同的方式下落时，由于没有空气阻力的影响，它们具有相同的重力加速度，所以会同时落地。

209

万有引力

一天，牛顿坐在苹果树下思考。突然，树上掉下一个苹果，刚好砸在牛顿的头上。❶

为什么苹果会从树上掉落？

因为地球本身就有引力！

月球之所以没有坠落在地球上，是因为月球围绕地球旋转时产生的离心力等于地球对月球的引力。❷

1687 年，牛顿公开发表了万有引力定律。万有引力定律是指自然界中的任何两个物体之间都存在着一种相互吸引的力。

宇宙间的物体都存在互相吸引的力，正是地球的引力作用，使得水往低处流、抛出的石块落在地上……

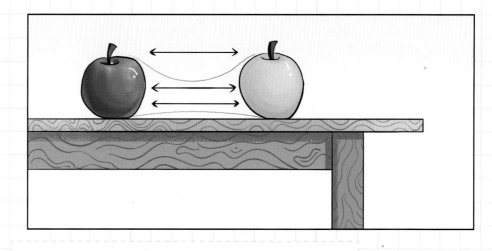

5 ▶▶ 两个苹果间也是互有引力的，只是引力比较弱。

为了探索宇宙，人类发明了火箭，火箭将卫星发射到太空中，卫星因受地球引力的影响而绕地球旋转。

6 ▼

实验名称：发现万有引力

实验材料：

1个乒乓球、1个弹簧。

实验步骤：

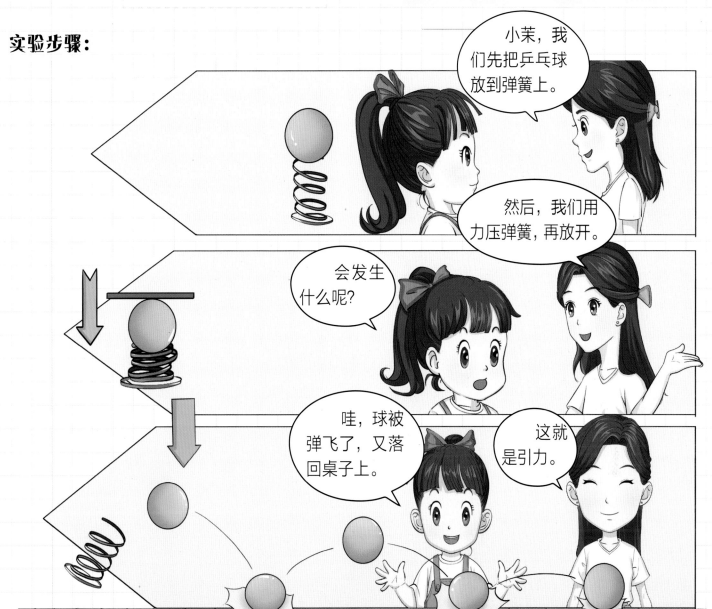

实验结论：

乒乓球在地球引力的作用下逐渐停止运动。万有引力无处不在，正是因为有了引力，一切事物才能正常运行。

物体的惯性

一切物体在没有受到力的作用时，总保持静止状态或匀速直线运动状态。

❶ ▶▶ 牛顿在总结前人的经验后，提出了牛顿第一定律。

由牛顿第一定律得知，我们将一个足球踢出去，足球除了受到我们踢出去的力，在没有其他力干扰的前提下，就会一直保持运动状态。反之，如果不受任何力的作用，原来静止的足球就会一直保持静止状态。

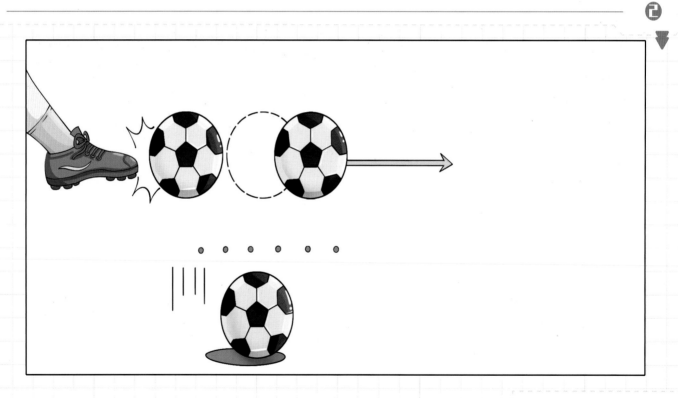

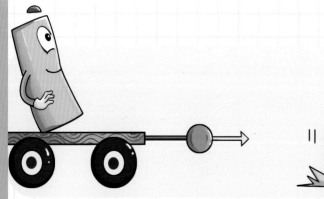

一切物体都有保持原来运动状态不变的性质，这就是惯性。❸

生活中，惯性对我们有利有弊，如行驶的汽车。

当快速行驶的汽车紧急刹车时，车里的乘客会因为惯性身体向前倾；当静止的汽车突然开动时，乘客又会因为惯性而身体向后靠。

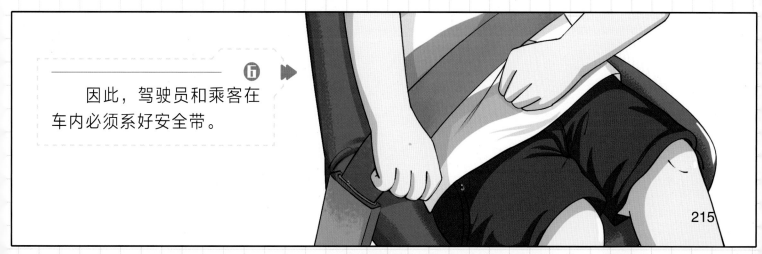

因此，驾驶员和乘客在车内必须系好安全带。

跳远运动员快速助跑后，利用惯性将自己抛出，跳的距离比原地起跳更远。

❼

❽ 滑板车也是利用惯性的作用。脚用力蹬出时，滑板车会因惯性的作用滑行一段距离。

打羽毛球时，也是在惯性的作用下球在两个场地间来回跳跃。

❾

若锤子的锤头变松了，可以用锤柄下端撞击桌面，利用惯性，使锤头重新固定在锤柄上。

❿

科学实验百科全书

实验结论：

　　惯性对我们的生活影响非常大，在利用惯性的同时，也要防范惯性带来的危害。

力的作用是相互的

当我们拉动与自身质量相差不多的物体时，会觉得这个物体同样在拉动着我们，而且这两个力总是一样大小，且方向相反，这就是牛顿第三定律。如弹钢琴时，手指用力的过程中，琴键也会反作用于手指。

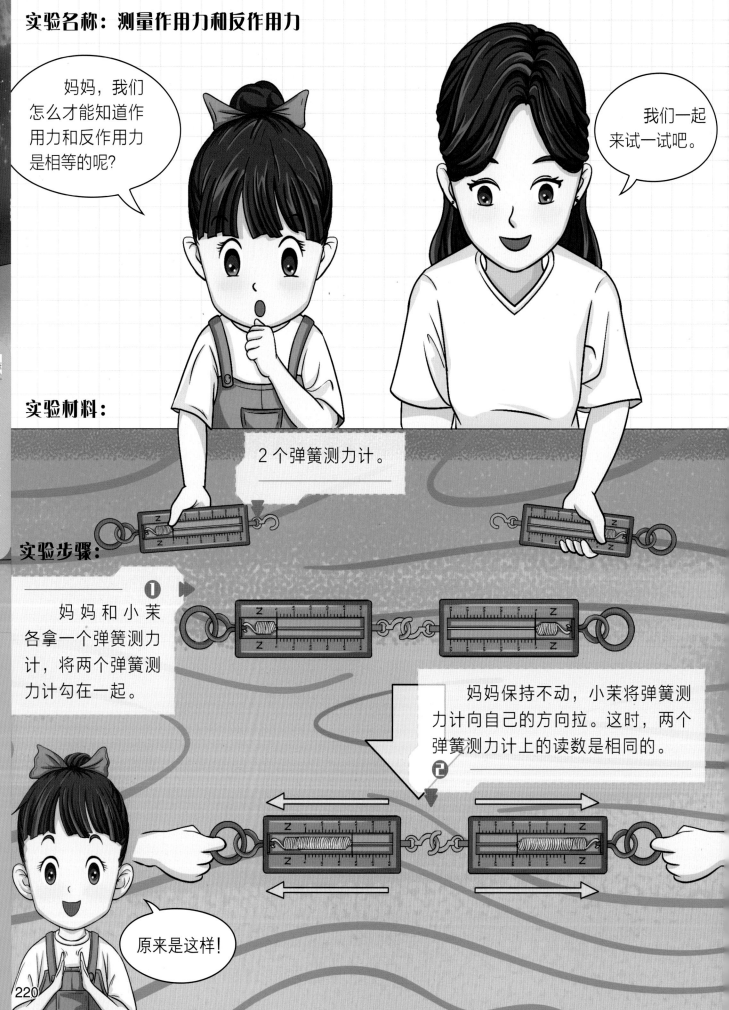

实验名称：测量作用力和反作用力

妈妈，我们怎么才能知道作用力和反作用力是相等的呢？

我们一起来试一试吧。

实验材料：

2 个弹簧测力计。

实验步骤：

❶ 妈妈和小茉各拿一个弹簧测力计，将两个弹簧测力计勾在一起。

妈妈保持不动，小茉将弹簧测力计向自己的方向拉。这时，两个弹簧测力计上的读数是相同的。❷

原来是这样！

当我们用手拍桌面时，手也会感觉到疼，这是因为桌面给手了反作用力。

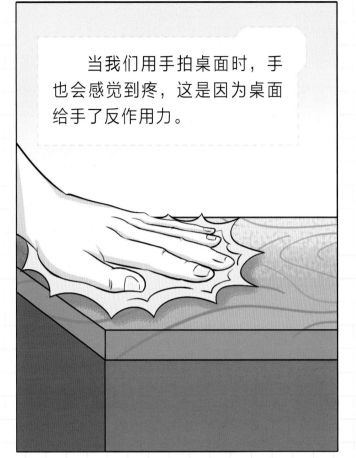

刚吹好的气球，不小心从我们手里"逃跑"了，这便是气球跑出的气给气球的反作用力。

游泳时，我们的手向后滑水，身体则可以借助反作用力向前方游去。

实验结论：

　　我们同时拉动两个弹簧测力计时，显示的数据相同，说明我们向外界物体发力时，物体也会给予我们相同的反作用力。试试看，你还能发现身边有哪些作用力和反作用力？

221

无处不在的摩擦力

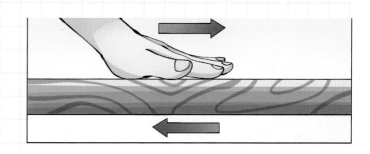

生活中，摩擦力无处不在。把手掌压在桌面上向前滑动时，手掌会感受到一种阻力；将橡皮放在桌面上滑动时，橡皮也会受到阻力，这就是滑动摩擦力。

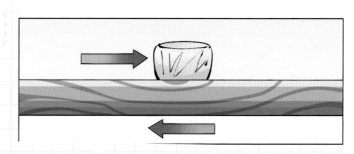

科学实验百科全书

溜冰场里，小朋友们穿着冰刀鞋在冰面上快乐地玩耍。 **❶**

冰刀鞋就是为了减小鞋与冰面的摩擦力而设计的，冰刀越锋利，与冰面的接触面越小，摩擦力越小，滑行速度越快。 **❷**

磁悬浮列车是通过磁力悬浮技术使车体悬浮于轨道上方，减少车体与轨道的接触面，从而减小摩擦力。 **❸**

有些时候，我们也需要增大摩擦力，比如自行车的车闸便是利用增加摩擦力使自行车停止的。

❹

体育比赛中，一些运动员在上场前会给手上涂满防滑粉，以增大摩擦力，防止因为出汗而导致的手滑。

❺

实验名称：测量摩擦力

实验材料：

弹簧测力计、1 个正方体木块、
1 块光滑长木板，1 块粗糙长木板。

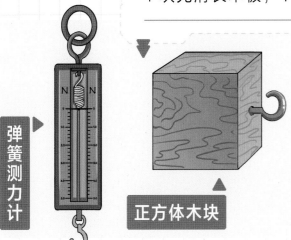

光滑长木板

弹簧测力计

正方体木块

粗糙长木板

实验步骤：

将正方体木块先放置于较为光滑的长木板上，用弹簧测力计拉动正方体木块，使其匀速滑动，此时弹簧测力计上稳定的读数就是拉动正方体木块产生的摩擦力。

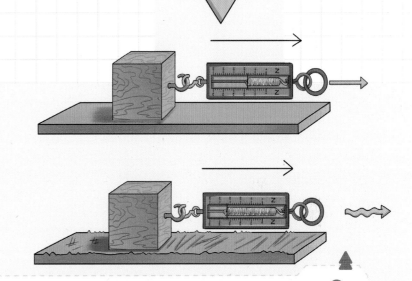

然后，再将正方体木块放置于较为粗糙的长木板上，再次测量摩擦力，弹簧测力计上的读数增大了。这是因为正方体木块与木板间接触面的粗糙程度增大了。

实验结论：

桌面上滑动的物体给桌面压力越大，桌面越凹凸不平，桌面与物体之间的滑动摩擦力越大。

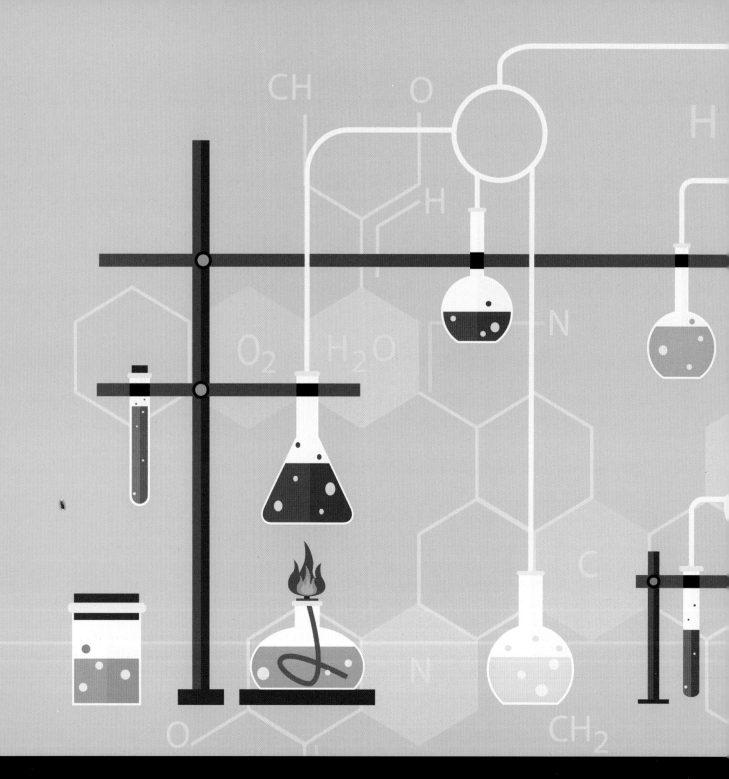

神秘的元素

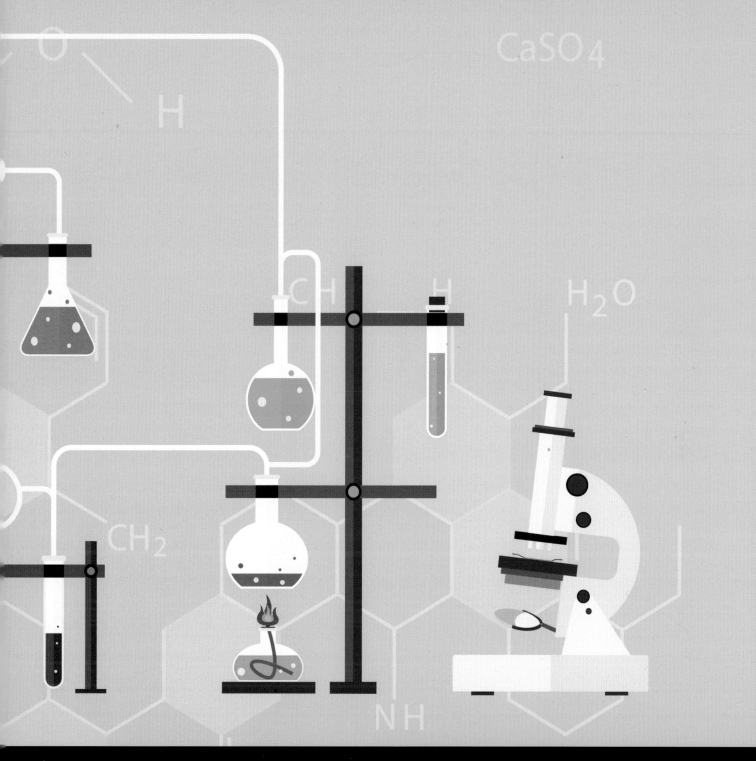

化学元素就是具有相同的核电荷数的一类原子的总称。那么世界上有多少种元素？在日常生活中，元素能发挥什么作用？元素又有哪些特性……相信读过本章之后，你就会知道，原来元素这么伟大！

元素家庭初相识

说到元素，我们会觉得非常抽象，但正是这些元素构成了我们的世界，那么我们一起去认识一下它们吧！

①

书本、桌子、铅笔，还有妈妈的首饰、爸爸的鱼竿，这些物品我们都看得见、摸得着。

这些物品都是由非常微小的粒子构成的，这些粒子叫作"原子"。

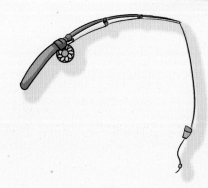

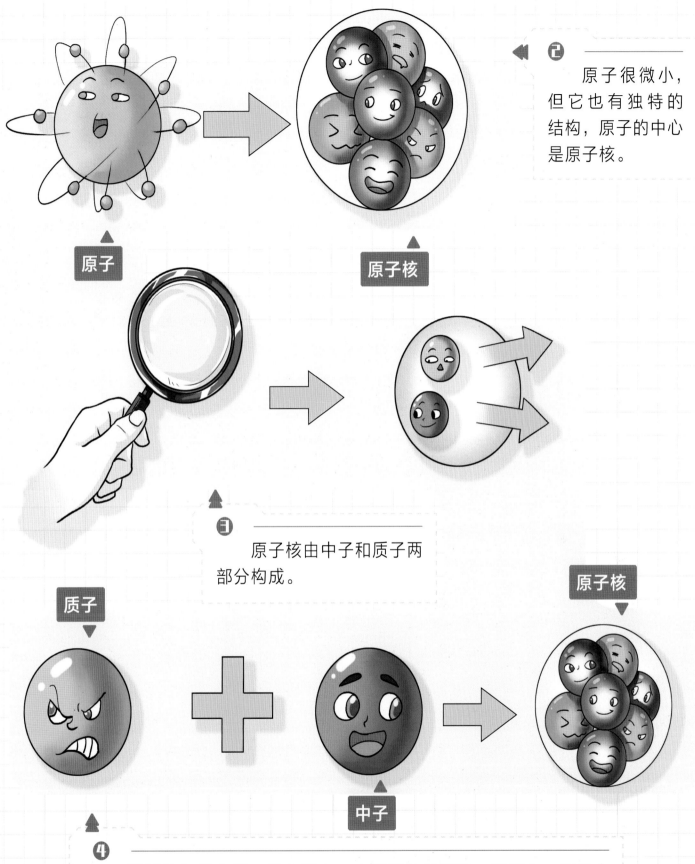

原子很微小，但它也有独特的结构，原子的中心是原子核。

原子

原子核

原子核由中子和质子两部分构成。

质子

中子

原子核

质子脾气很火爆，带有正电；中子脾气很温和，不带电。正是中子的好脾气，把质子都聚在一起，构成原子核。

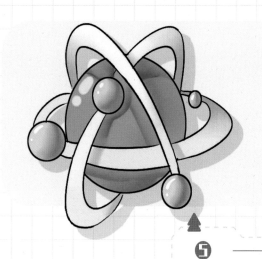
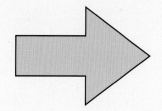

5 原子中除了原子核，还有一种较小的微粒，它们是带有负电的"淘气包"，名为"电子"。

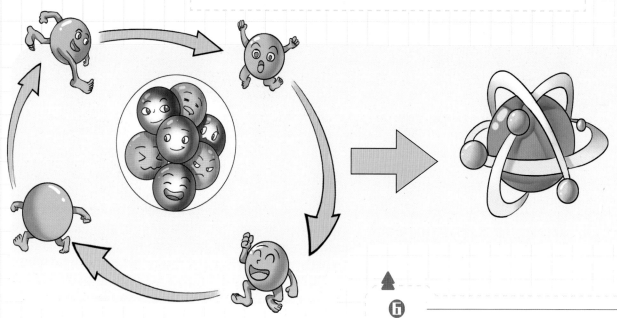

6 电子很喜欢原子核，围着原子核不停地奔跑、跳跃。于是，它们结合在一起，构成原子。

具有相同特点的原子凑在一起时，就组合成了我们熟知的元素。

元素周期表
Periodic Table of the Elements

❼ 地球上的物质是由 100 多种不同元素构成的，俄国科学家门捷列夫为元素大家庭绘制了群像，被称为"元素周期表"。

实验结论：

小朋友们，元素与我们的生活息息相关，让我们一起踏上探索神秘元素的旅程吧！

蜡烛为什么会变轻

鹏鹏，今天爸爸带你做一个有趣的实验！

是什么实验？

我们来给蜡烛"减肥"！

怎样给蜡烛减肥呢？

实验名称：蜡烛减重

实验材料：

蜡烛、电子秤、火柴、固定蜡烛的托架。

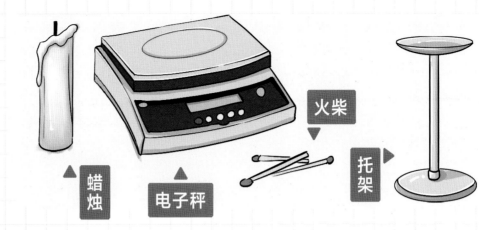

蜡烛　电子秤　火柴　托架

实验步骤：

❶ 首先，用电子秤给蜡烛称重，记录当前蜡烛的质量。

我们的实验开始啦！

233

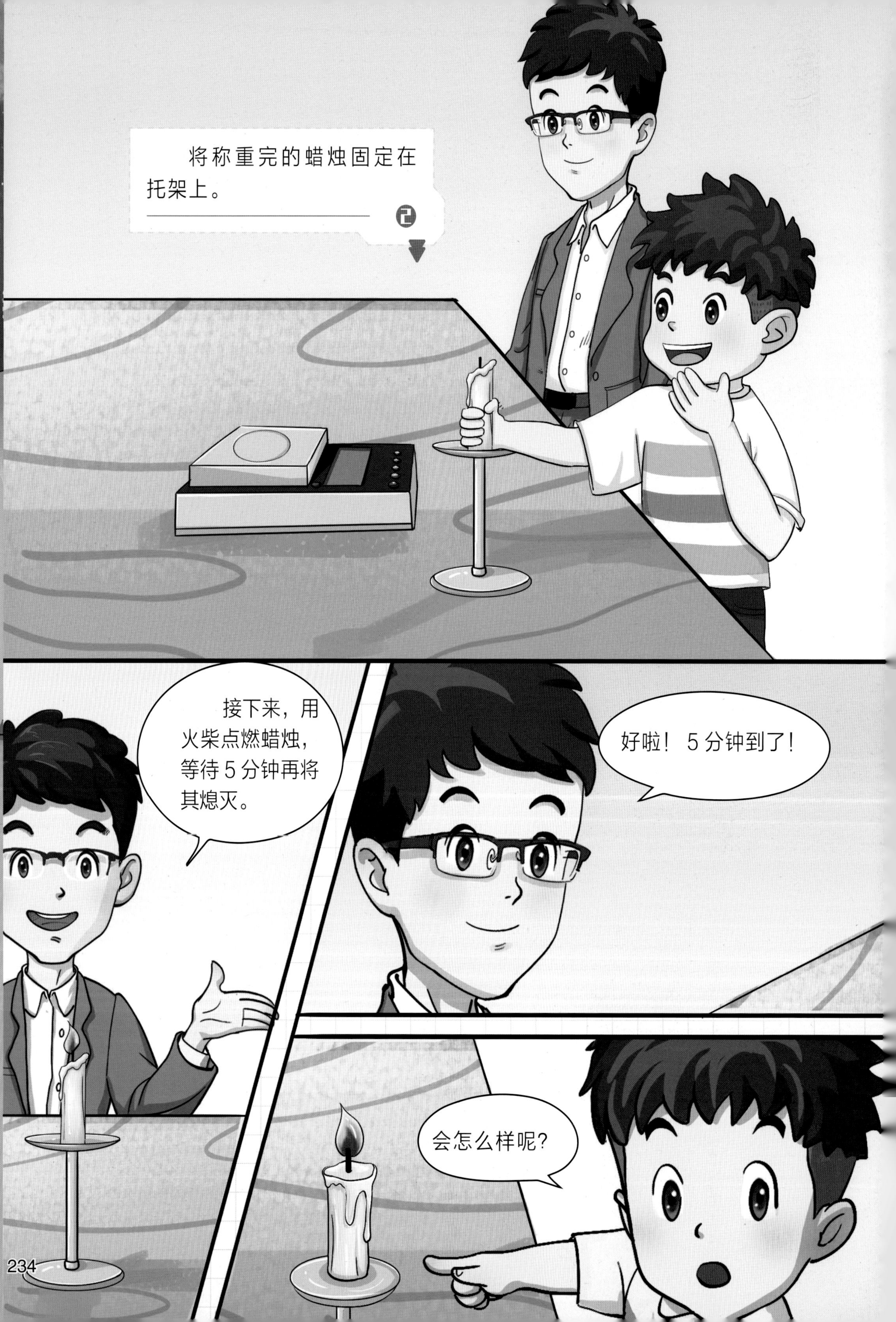
将称重完的蜡烛固定在托架上。
接下来，用火柴点燃蜡烛，等待5分钟再将其熄灭。
好啦！5分钟到了！
会怎么样呢？

将蜡烛再次称重，并与燃烧之前的质量进行对比。 **3** ▶

蜡烛真的变轻了！为什么会这样呢？

4 ▶ 蜡烛的主要成分是碳元素与氢元素，蜡烛燃烧时会生成二氧化碳与水，因为二氧化碳散逸出去，所以蜡烛变轻了。

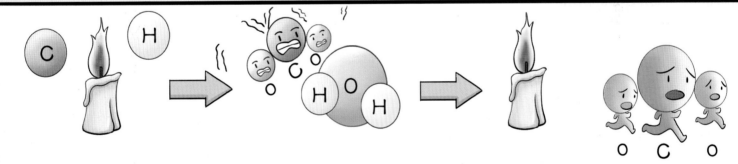

实验结论：

你还知道哪些因为二氧化碳"逃走"导致物体变轻的实验呢？

颜色不一样的烟火

爸爸，新年快乐！

鹏鹏，新年快乐！我们一起去看烟火吧！

哇，爸爸你看，烟火太美了！

是啊，烟火会为节日增添欢乐的氛围。

正是因为多种元素的存在，烟火才有了各种各样的颜色，让我们去认识一下它们吧！

❶ 电池中使用的锂元素，让烟火变成了紫红色。

Li

❷ 钠元素在烟火中是明黄色的担当。

Na

❸ 肥料中不可或缺的钾元素构成了烟火中的浅紫色。

k

❹ 钙元素是烟火中砖红色的组成部分。

Ca

❺ 钡元素在烟火中呈现黄绿色。

Ba

科学实验百科全书

实验名称：焰色反应

实验材料：

氯化锂、氯化锶、硫酸铜、托盘、酒精。

实验步骤：

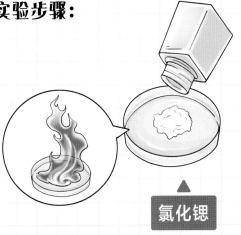

❶ 将各种元素化合物放置于托盘上。并用酒精点燃。观察各种元素经过燃烧后所呈现的颜色。

| 锂（Li） | 钠（Na） | 钾（K） | 钙（Ca） | 锶（Sr） | 钡(Ba） | 铜（Cu） |

❷ 通过实验我们可以得出锂是紫红色、锶是洋红色、铜是绿色等不同结果。焰色反应是不是很神奇？

实验结论：

美丽的烟火就是利用焰色反应制作出来的。你还知道在焰色反应中，哪些元素会产生美丽的颜色吗？

制造氧气的小实验

氧气是地球上一切生物生存的先决条件。目前在太阳系中，没有其他星球拥有和地球一样的生存条件。

如果在火星，我就没法生存了！

实验名称：自制氧气
实验材料：

6mm 吸管、孔盘、滴管、试管、碘化钾、洗衣液、过氧化氢、燃香、马铃薯块。

6mm吸管　孔盘　试管　滴管　碘化钾
过氧化氢　燃香　洗衣液　马铃薯块

我们来做一个制造氧气的小实验吧！

240

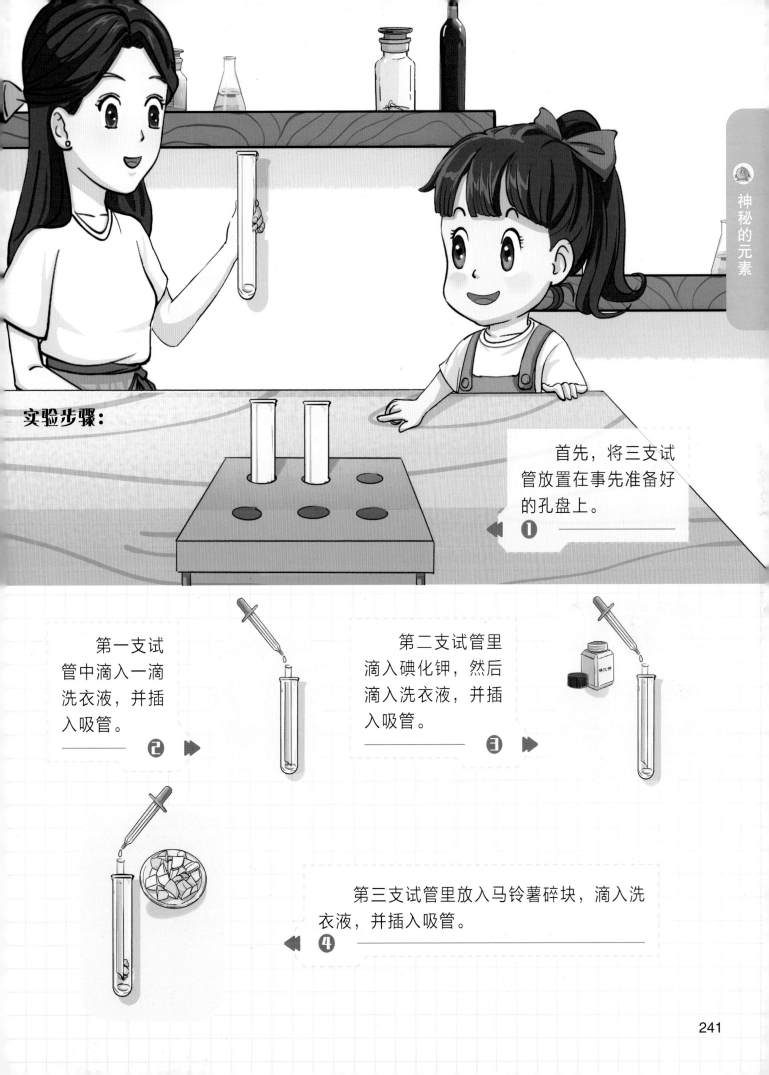

实验步骤：

首先，将三支试管放置在事先准备好的孔盘上。❶

第一支试管中滴入一滴洗衣液，并插入吸管。❷▶

第二支试管里滴入碘化钾，然后滴入洗衣液，并插入吸管。❸▶

第三支试管里放入马铃薯碎块，滴入洗衣液，并插入吸管。❹

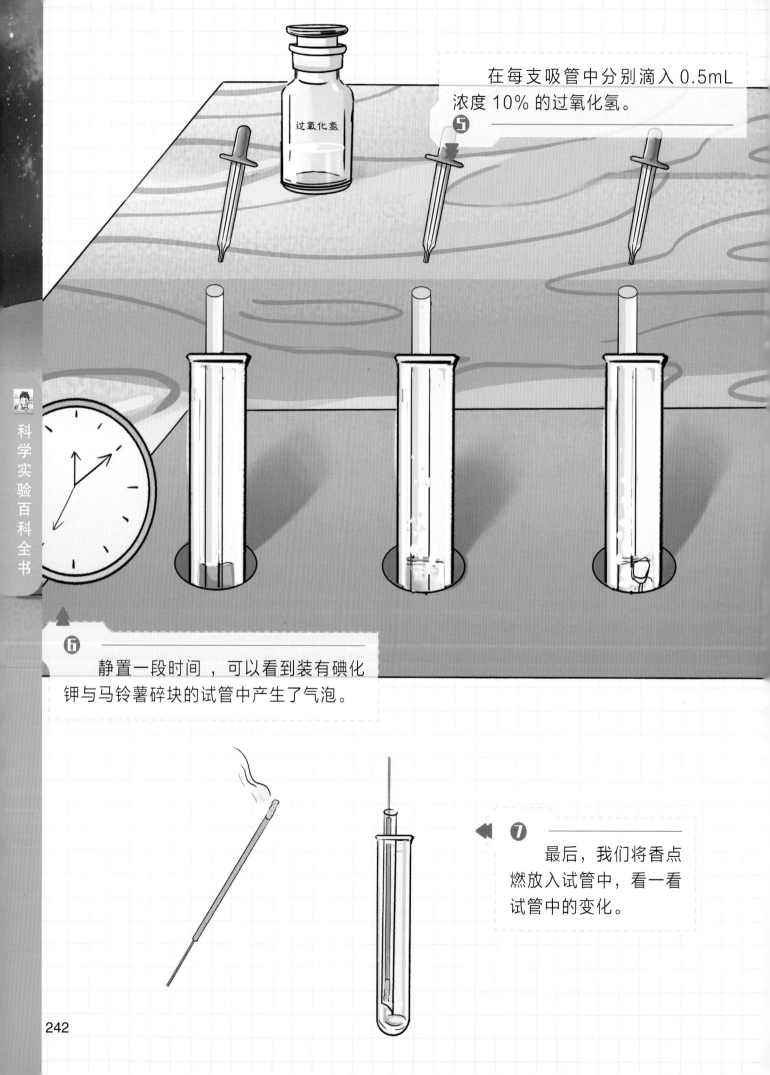

在每支吸管中分别滴入 0.5mL 浓度 10% 的过氧化氢。

5

6

静置一段时间，可以看到装有碘化钾与马铃薯碎块的试管中产生了气泡。

过氧化氢

7

最后，我们将香点燃放入试管中，看一看试管中的变化。

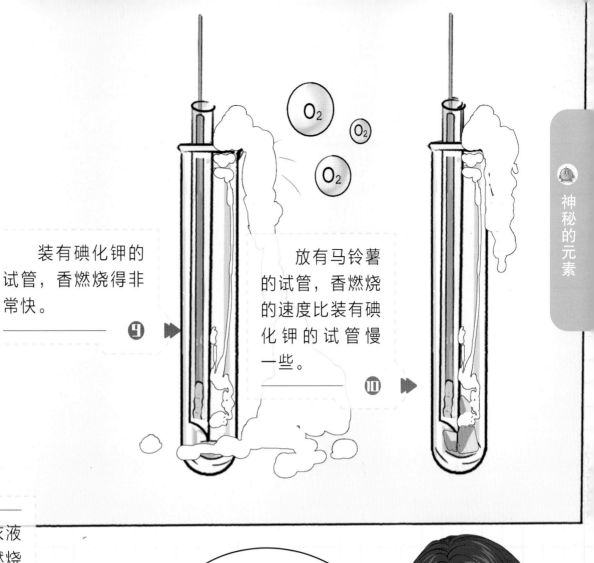

装有碘化钾的试管，香燃烧得非常快。

➒

放有马铃薯的试管，香燃烧的速度比装有碘化钾的试管慢一些。

➓

➑

装有洗衣液的试管，香燃烧得最慢。

为什么装有碘化钾的试管中，香燃烧得最快？因为这支试管中产生的氧气最多。

实验结论：

在此实验中，碘化钾加速了过氧化氢的分解，从而产生氧气；马铃薯因为含有酵素，也加快了过氧化氢的分解，产生氧气，所以这两支试管中香燃烧得旺盛。

发酵是怎么回事

今天我们吃馒头，妈妈正在准备发酵面团。

妈妈，今天我们吃什么？

什么是发酵？

你先记住面团现在的样子，两个小时后我们再来看。

发酵在生活中是非常普遍的现象，比如啤酒、葡萄酒等含有酒精的饮品，就是发酵的产物。

❶

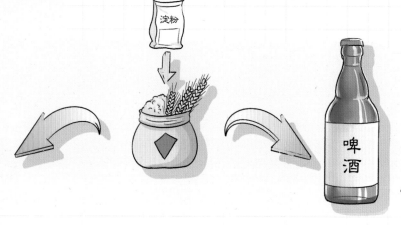

酒精就是乙醇，是淀粉经过化学反应产生的。啤酒是由粮食酿造的，而粮食中就含有大量淀粉。

❷

❸

啤酒在制作过程中，淀粉会在酶的作用下转化为葡萄糖，葡萄糖发酵后产生了酒精。

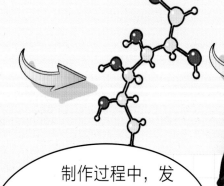

制作过程中，发酵使各种元素进行重组，从而产生全新的物质。

科学实验百科全书

我们喝的酸奶也是经过发酵才得到的；面包、馒头等面食，都是放入了发酵粉，从而变得蓬松。

发酵粉的主要成分是碳酸氢钠（$NaHCO_3$）。当发酵粉放入面团时，会将面粉中的葡萄糖转化为二氧化碳与水，二氧化碳会使面团产生孔状结构，从而蓬松、柔软。

你明白了吗？

嗯，我懂了！

实验结论：

发酵是一种化学变化，它会让原本的物质进行分解，生成新的物质，这个过程十分有趣。

居里夫人的重大发现

一天，居里夫人将沥青铀矿粉末放置在测量仪上，结果出现了惊人的一幕。

测量仪指针的偏转角度比铀的偏转角度还大，这证明沥青铀矿中含有一种比铀放射性更强的元素。

比埃尔快看，这里有一种物质，放射性超过了铀，我们也许发现了新元素！

经过二人的努力，1898年，他们宣布这种放射性极强的元素就是钋。

④ ▶▶ 同年 12 月，居里夫妇在矿石残渣中又提炼出一种新的放射性元素"镭"，从此宣告了镭的诞生。

1903 年，居里夫妇凭借自己的研究，和贝克勒尔共同获得了诺贝尔物理学奖；1911 年，居里夫人又获得了诺贝尔化学奖。

◀◀ ⑤

实验结论：

镭能发光、发热，具有放射性，对人体细胞有杀伤作用。氯化镭是镭的化合物，在黑暗中能发出绿光，曾经被用于制作夜光涂料。

主要索引